U0394932

云无心 著

识食物者为俊杰

云无心的食品科普

重慶出版集團 重慶出版社

图书在版编目（CIP）数据

识食物者为俊杰：云无心的食品科普 / 云无心著. -- 重庆：重庆出版社，2019.11
ISBN 978-7-229-14109-7

Ⅰ.①识… Ⅱ.①云… Ⅲ.①食品安全—普及读物
Ⅳ.①TS201.6-49

中国版本图书馆CIP数据核字（2019）第064620号

识食物者为俊杰：云无心的食品科普

云无心　著

策　　划： 华章同人
出版监制： 徐宪江
责任编辑： 陈　丽
责任印制： 杨　宁
营销编辑： 王　良
装帧设计： 周伟伟
封面插图： 俞　昆

重庆出版集团
重庆出版社　出版

（重庆市南岸区南滨路162号1幢）

投稿邮箱：bjhztr@vip.163.com
北京温林源印刷有限公司　印刷
重庆出版集团图书发行有限公司　发行
邮购电话：010-85869375/76/77转810
重庆出版社天猫旗舰店
cqcbs.tmall.com
全国新华书店经销

开本：880mm×1230mm　1/32　印张：11.125　字数：240千
2019年11月第1版　2019年11月第1次印刷
定价：48.00元

如有印装质量问题，请致电023-61520678

推荐序 值得信赖的食品科普

徐来

果壳网前总编

云无心是我最初的作者之一，也是我的良师益友。从最初认识到现在，我们已经合作了十几年。

第一次认识云无心是在2007年的年中，当时我刚接手《新京报·新知周刊》的编辑工作。在此之前，我几乎从来没有接触过科学报道，所认识的理工农医类专业出身的作者也不过寥寥几人。实际上，那个时候国内的科学传播环境相当糟糕，作者本来就很少，所以我当时很是为版面稿件发愁。

经朋友介绍，我认识了云无心。那时候他还不叫云无心，人也还在美国的一家食品原料公司做研发方面的工作。我刚开始读到他写的文章是在他的新浪博客上。那个时代的博客，发挥着个人记录和社交的功能，云无心的博客也是如此。他的很多博客文章“成文度”比较低，即便如此，我依然能够从中看出很多端倪：多年的学术训练让他的文字平顺易读，没有太多花哨的东西，而且条理非常清晰。他对自己的求学过程以及实验室生活的一些记录也非常有意思，让不了解食品工业的人也有可能一窥这个行业的门径——实际上，只要对行业思考和解决问题的方式有所了解，许多争议就会停止。

云无心的博客名字叫“云无心以出岫”，我那时还不知道他的真名，图省事儿就直接叫他云无心——云无心本不是他的名字，这样叫的人多了，也就被当成他的名字了。

正如我前面提到的，当时国内的科学传播氛围并不浓厚，科学和技术都缺乏具有公共认知的“代言人”和评述者。那时又恰好是公众对食品安全问题空前焦虑的一段时期，媒体高频次报道“食品安全问题”——其中一些是真问题，另一些则是所谓的“人造问题”，比如“面条可燃”“虾和维生素C同吃会致命”一类的报道也在那时集中出现。云无心的食品科普有了用武之地。我于是和他合作，针对当时林林总总的问题，进行准确的“狙击”，要么正本清源，要么划定追责对象。作为一名“十万个为什么先生”，在这个过程中，我也不断地向他抛出自己思考的问题，尝试着提炼出日常生活中的共性问题，和他一起拓展食品领域科学写作的道路。

在我看来，云无心的食品科普写作是值得信赖的，原因主要有以下三个方面：

首先，作为一个受过非常严格的食品科学科研训练，同时又在食品企业长期从事研发工作的研究者，云无心对当代食品工业的认识非常深刻，对其思维方式、优势所在以及存在的不足有深入的了解。所以，在讨论问题的时候，他往往能一击中的，能够帮助读者更好地理解食品工业给人类社会带来的变化，给我们的日常生活带来的变化，而不是简单地拣读者爱听的话说，来迁就读者。

其次，他非常注重消费者视角，较多地以个人选择、个人体验来谈具体的问题。我说云无心不是简单地拣读者爱听的话说，并不意味着他会在文章中不停地抨击读者的个人体验。实际上恰恰相反，很多时候他是把自己放在消费者的立场上来考虑问题的。他向大家介绍自己的食品消费和处理经验，告诉大家如何避免陷阱。此外，他并没有机械地套用科研成果来做指导，而是把消费行为放进具体的场景中，所以具有实用性。

最后，因为长期扎根于食品工业，所以在很多问题的处理上，特别是利益相关性的处理上，他比较谨慎，处置有度。有一件事情让我印象很深，有一次我因为一个蛋白质的话题找到他，希望他为我撰写一篇稿件——在我看来，作为一个从事蛋白质研发工作的研究者，他是最适合讨论这个话题的。不承想这个约稿却被他拒绝了，原因很简单，他是相关从业者，他觉得自己应该回避这样的主题。

如今，云无心要出版一部新的文集，这真的是一件好事。对每一位读者来说，云无心的文章都能帮助自己解决许多生活中的困扰。对另一些更注重生活中的技术问题，希望践行科学的生活方式的人来说，云无心的书更是饮食方面的贴心指南。

在食品安全的理论与指导方面，云无心是我的良师益友，他的这本书也一定会成为每位读者的良师益友。

目 录

一 那些让你忧心的传言与报道

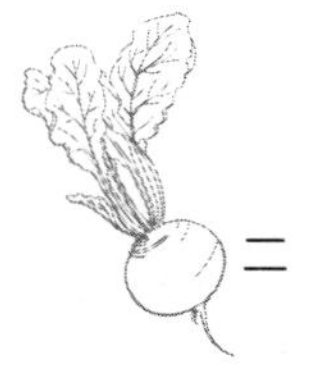

二 唯减肥与养生最容易被忽悠

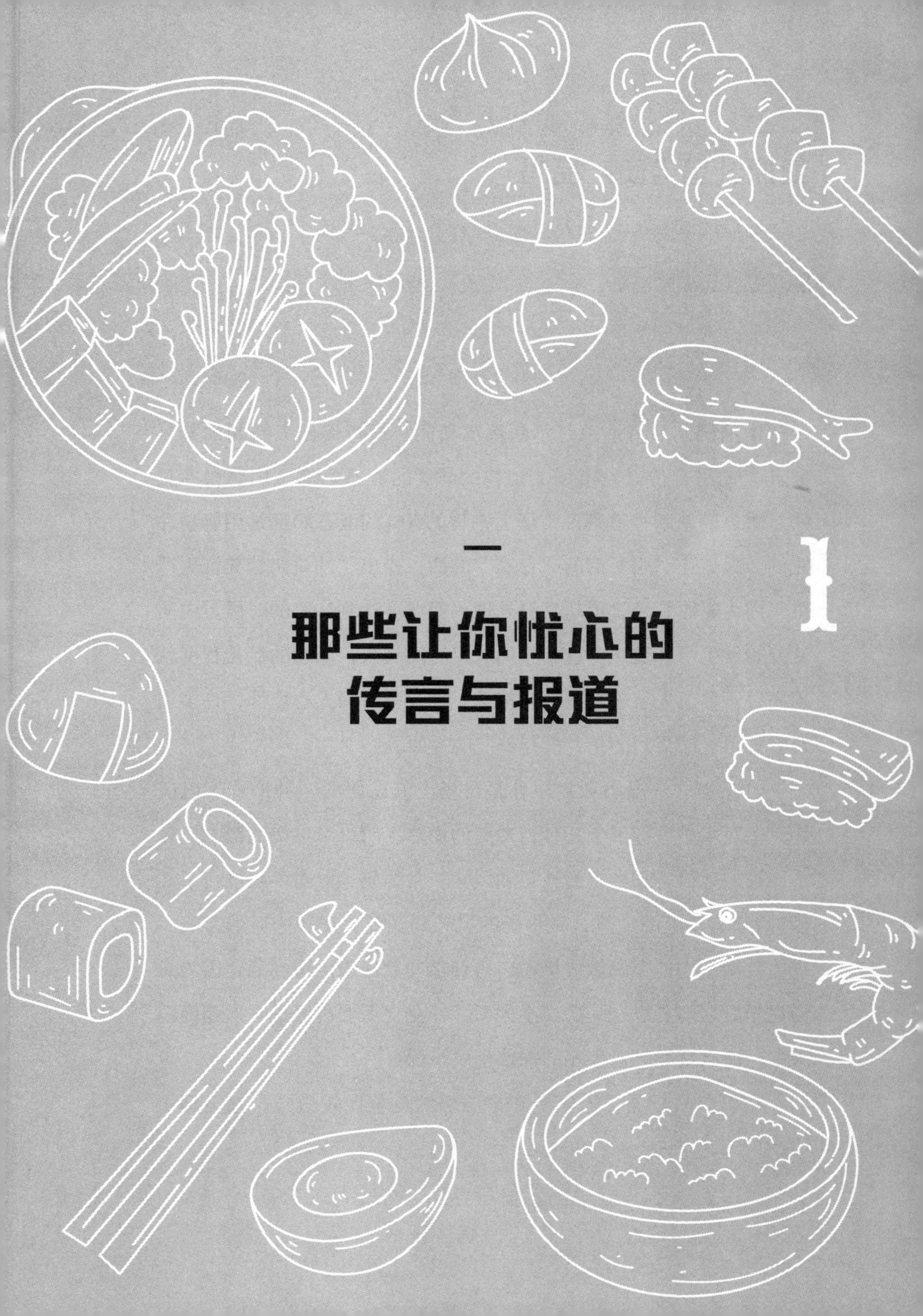

一 那些让你忧心的传言与报道

复原乳是劣质产品吗

中国奶制品行业总是不断爆出新闻，最近爆出大新闻的是复原乳。先是有传言说市场上销售的60%的液态奶都是用奶粉冲兑的，跟进的新闻报道则说市场上销售的90%的液态奶都是用奶粉冲兑的。报道还引用所谓的“专家”的话，指出“冲兑奶营养流失严重，因为复原乳经过了超高温处理，而温度达到90℃的时候蛋白质就开始发生严重变性。这种牛奶放得时间越久，奶粉的氧化程度就越高，营养流失就越严重”。报道一出，一时间人心惶惶，许多消费者觉得自己买到的是“没营养”的复原乳。

巴氏奶、常温奶和复原乳是市场上液态奶的三种形式。巴氏奶只是对牛奶进行了十几秒钟72℃的加热，所以对牛奶的影响比较小，很好地保持了牛奶的外观和风味。常温奶一般对牛奶进行了几秒钟135℃以上的加热，对牛奶的风味和颜色有比较明显的影响。复原乳则是先把牛奶做成奶粉，再加水冲兑还原而得到的，因为奶粉在干燥之前要经过一次高温灭菌，冲兑之后要再经过一次超高温灭菌，所以复原乳对牛奶的加热程度最深。

在奶制品行业，巴氏奶和常温奶的竞争比较激烈，甚至到了它们的生产厂家互相攻击的地步。巴氏奶的生产厂家对常温奶和复原乳的最大指责是“高温破坏了营养”。实际上，这种破坏并不严重。牛奶只是多样化食物中的一种，它的优势在于提供优质蛋白和钙，而蛋白质和钙，几乎不受高温的影响。所谓的“专家”说什么“高温导致蛋白质变性”纯粹是混淆视听。人们所吃的任何一种熟食，其中的蛋白质都经过了充分的加热变性，比如鸡蛋、肉和豆制品，其中的蛋白质若不变性，几乎无法被食用。食物中的蛋白质是为了满足人体对氨基酸的需求，蛋白质被加热变性不仅不会损失营养，还有助于消化。钙是无机盐，怎么被加热都不会发生变化。虽然经过超高温加热，钙的溶解状态可能会有一定的变化，但并没有证据显示这一变化会明显影响人体对钙的吸收。

不可否认的是，加热牛奶会损失其中的一些维生素，但损失程度比大多数人想象的要小得多。在美国农业部的食品成分数据库中，我们可以找到奶粉和鲜奶中各种营养成分的含量。相对于人体的需求量来说，牛奶中含量比较丰富的维生素是维生素B_2和维生素B_{12}。如果把奶粉按比例复原成液态奶，比较它与鲜奶的维生素含量，我们会发现把鲜奶变成复原乳，维生素B_2和维生素B_{12}的损失都只有15%左右，最容易损失的维生素B_1，其损失也不到30%。而且，牛奶并非维生素B_1等维生素的良好来源，维生素在牛奶中的含量本来就少，损失了也没什么可惜的。

总而言之，巴氏奶、常温奶和复原乳，在营养方面的差异不大，这种差异并不值得过于关注。值得注意的是，加热大大改变了牛奶的外观和风味，所以牛奶生产厂家在销售牛奶时必须将情况明确告知——一方面消费者拥有知情权，另一方面三种牛奶确实有所不同。几乎被媒体渲染成“劣质产品”的复原乳，其实是完全符合国家标准允许生产销售的，只需要明确标明“复原乳”或者“含有×%复原乳”就可以。

巴氏奶当然没有什么不好。外观、风味、口感都很好，营养方面也有一些优势，但考虑食品不能仅仅考虑好处，还需要考虑成本、安全和方便，等等。比如巴氏奶，在从奶场到餐桌的整个过程中都需要冷藏，这在不产奶的地区，尤其是人口居住比较分散的农村地区，实现起来难度很大。一旦某些环节不能保障冷链，安全性就无法保障。如果这些地区非要追求喝巴氏奶，价格可想而知。在这一点上，常温奶和复原乳反而具有明显的优势。

目前市场上可能有一些复原乳没有明确标注，冒充常温奶甚至巴氏奶来销售。这本身是严重的非法行为，应该依法追究，严肃处理。需要注意的是，复原乳不是劣质产品，只要它的生产厂家规范生产，规范标注，它就应该受到保护。用“营养流失严重”这样的虚假理由来攻击复原乳，对于规范销售的复原乳太不公平，更无助于食品市场的规范。

柿子能不能与酸奶同吃

实际上，“柿子与某某食物不能同吃”的说法一直很流行，以前是柿子不能和螃蟹同吃，后来不能同吃的食物从螃蟹扩展到海鲜，现在又加上了酸奶，还有人说酒也不行。

要把这件事情说清楚，我们需要从柿子中所含的单宁说起。

单宁：柿子与其他食物“相克”的说法的源头

单宁不是一种物质，而是化学结构相似的一类物质，也被叫作鞣酸、单宁酸或者没食子鞣酸等。单宁在植物中广泛存在。在常见的食物中，柿子、石榴、蓝莓、坚果、红葡萄酒等中就可能含有比较多的单宁。根据在水中溶解性的不同，单宁可以被分为“可溶性单宁”和“不可溶性单宁”两类。可溶性单宁能与蛋白质结合生成不溶性沉淀，在胃肠中也不能被分解。酸和酒精有助于这种沉淀的形成。

可溶性单宁有很强的结合能力，当它被吃进嘴里时，它能与舌头表面或者唾液中的蛋白质结合生成沉淀，让舌头产生发干、收缩的感觉——这种感觉就是我们通常所说的涩味。

大量单宁可能导致“胃柿石”

植物为什么含有单宁，科学家们对此的解释有很多种。一方面，从结果来看，单宁对于植物是一种保护——涩对于哺乳动物来说并不是一种愉悦的味觉，它们也就不怎么喜欢吃有涩味的食物。另一方面，单宁本身有一定的毒性，可以杀死附着在植物上的微生物。

如果吃下大量可溶性单宁，一方面，它们会与胃蛋白酶结合，使胃蛋白酶失去活性从而无法消化蛋白质。另一方面，它们会把胃中的蛋白质形成不溶性复合物，再加上柿子中的果胶、纤维等其他成分，混在一起形成“胃柿石”，就可能造成消化道阻塞，导致腹痛。

传说中“不能与柿子同吃”的食物，如螃蟹、酸奶、海鲜等，都含有大量蛋白质。如果吃下它们的同时也吃下含有大量单宁的柿子，确实可能会形成胃柿石。

实际上，即使没有同时吃下这些高蛋白食物，仅仅是吃下含有大量单宁的柿子也可能出问题。一方面，食物在胃中有相当长的排空时间，即使没有“同吃”，但此前吃的食物还有一些残留在胃里，这些食物可能含有蛋白质成分；另一方面，如果胃里没有食物（即通常所说的“空腹”），单宁就有更多的机会与胃壁接触——想想单宁在舌头上与蛋白质结合会让你觉得涩，单宁若是在胃里与胃壁上的蛋白结合，没准会让你觉得胃里有个孙悟空。

不过，胃柿石并不是致命的病症，只要及时就医，医院有成熟的办法应对这一病症。换句话说，如果你得了胃柿石，受点苦是可能的，但只要及时就医，并不至于送命。

柿子不一定富含单宁

吃下大量单宁会导致胃柿石，那么柿子真的不能与那些食物一起吃吗？答案是不一定，原因是柿子不一定富含单宁。

柿子中的可溶性单宁含量相差巨大，一般在0.4%~4%，具体含量与柿子的成熟状态和品种有关。在生长过程中，柿子中的单宁会逐渐增多，甜型品种的柿子中所含的单宁最高可达2%，而涩型品种的则可能高达4%以上。柿子在成熟软化的过程中，其可溶性单宁的含量会逐渐降低，比如甜型柿子完全成熟后，其单宁的含量能降低到0.1%以下。

如果柿子中的可溶性单宁含量较高，涩味就会很明显。人们尝试了许多方法来脱除柿子的涩味，在生产上，这一操作被称为“脱涩处理”。比如民间用温水或者石灰水来浸泡柿子，商业化生产中则用乙醇、二氧化碳或者氮气来处理柿子，这些都是行之有效的脱涩方法。

关于食品安全问题，我们经常会问：“有什么办法来检测？”事实上，多数情况下没有简单的方法可以检测食品中的某种成分。单宁是一个例外，人的舌头对它来说是一个很灵敏的检测器，当你觉得柿子、石榴、葡萄酒是涩的，就说明其中含有单宁——越涩，说明其中单宁的含量就越高。

不能同吃的不是“柿子”，而是“涩柿子”

显而易见，与螃蟹、酸奶、海鲜等“不能同吃”的，不是“柿子”，而是“单宁含量高的柿子”，而单宁含量是高是低，我们的舌头可以给出答案。

所以，关于柿子不能与某种食物同吃的传言，答案很简单：不要吃涩的柿子！如果是成熟的甜柿子，或者经过“脱涩处理”已经不涩的柿子，那么与螃蟹、酸奶、海鲜等食物一起吃也无妨；如果是涩的柿子，与螃蟹、酸奶、海鲜等食物一起吃可能会让你“中招”，即使单独吃也不保险——你不清楚自己的胃里有什么，而“空腹”也存在同样的风险。

一般来说，商业化生产销售的柿子，都经过了一定程度的脱涩处理。大家要小心的，是那些自己采摘的，或者从种植者手里直接购买的“原生态柿子”。很多人觉得“纯天然”“没有经过化学处理”的食物更“安全”“健康”，然而“原生态”的柿子恰恰可能含有大量的单宁而让你“中招”——如果实在想吃这样的柿子，也需要耐心点儿，等把它们放到不涩了再吃吧。

煮豆角要不要盖锅盖

前不久，一条“煮豆角千万别盖锅盖”的“生活小智慧”在网络上广泛传播。这条“生活小智慧”宣称：“许多人煮豆角的时候盖着锅盖，唯恐豆角不熟，但豆角中含有毒素氰苷，氰苷经高温烹煮后会释放出氰化氢，氰化氢能与水结合生成剧毒物质氢氰酸，如果盖上锅盖的话，氢氰酸就全被‘焖’在锅里了。人如果吃了这样做出来的豆角，就有可能食物中毒。”

不过，这条“生活小智慧”纯属想当然。

氰苷是一些植物为了保护自己而产生的一种毒素。通常，植物中还含有葡萄糖苷酶。在正常情况下，这两种东西相安无事，但如果植物细胞被破坏，比如植物被动物咬了，氰苷和葡萄糖苷酶就会被释放出来，获得碰面的机会。葡萄糖苷酶的作用是水解氰苷，释放氰化氢。氰化氢与水结合生成氢氰酸。氢氰酸是一种剧毒物质，通常被当作化学武器使用，而影视剧中间谍用于自杀的氰化物，就是它的盐形式。几十毫克的氰化物就足以让一个成年人丧命。

自然界至少有2500种植物含有氰苷，其中几种被人们食用的植物，其氰苷的含量还很高，最突出的是在非洲等地作为主食的木薯。木薯的根部含有大量的氰苷，如果全部被水解，每千克木薯最多能释放出近2500毫克氰化氢。即使是食用的球茎部分，如果其中含有的氰苷全部被水解，每千克木薯能释放出400～500毫克氰化氢。利马豆中的氰苷含量也很高，如果全部被水解，每千克利马豆能释放出2000～3000毫克氰化氢。对中国人来说，最吓人的可能是竹笋，每千克竹笋能释放出的氰化氢最高可达8000毫克。其他的还有高粱嫩叶、苦杏仁、亚麻籽中所含的氰苷，苹果、李子、桃、樱桃等水果的果核中所含的氰苷，如果全部被水解的话，每千克也能释放出几百到几千毫克的氰化氢。

这些数字实在有点儿吓人。好在它们所含的毕竟只是氰苷，要对人有害还需要"被水解释放氰化氢"这一反应。在这些含有氰苷的食物被食用的过程中，有三种情况会让这一反应发生。一是处理食物的过程中，细胞被破坏，氰苷和葡萄糖苷酶见面，反应直接发生。二是食物被完整地吃掉，葡萄糖苷酶来不及起作用就到了胃里，被那里的高酸性弄得失去活性。到了肠道，周围环境变成中性，部分葡萄糖苷酶恢复活性，然后在那里水解氰苷。还有一种情况是食物中本来没有葡萄糖苷酶或者葡萄糖苷酶失去了活性，但人体内的菌群能产生葡萄糖苷酶，从而把前来的氰苷水解掉。

人一旦吃下氢氰酸，或者氰苷在肠道内被水解释放出氢氰酸，氢氰酸就会很快被人体所吸收，并被运输到身体的各个地方。如果氢氰酸的含量不高，人体内的硫氰酸酶会把氢氰酸转化成硫氰酸盐，随后被排出体外，从而实现解毒。如果氢氰酸的含量太高，超过了人体的解毒能力，就会导致人窒息甚至死亡。

这样看来，氰苷实在很危险，因为人无法控制体内的细菌们产生能水解氰苷的葡萄糖苷酶。为了保证健康，我们最好在食物入口之前把氰苷搞定。幸运的是，氰苷的存在状态不太稳定，我们通过常规的食物加工程序，就可以将大部分的氰苷清除掉。比如非洲人在食用木薯之前，会依序对木薯做如下处理：用水浸泡、晒干、发酵、加热等。经过这些常规处理，他们便将木薯中的氰苷含量大大降低，剩下的氰苷可以通过人体的正常解毒功能解决，于是木薯就可以被安全食用了。

以前，非洲人并不清楚木薯中的氰苷问题，有时候没有将木薯充分去毒就食用，结果造成了慢性中毒。尼日利亚就曾经出现过几百个“热带神经性共济失调症”患者。热带神经性共济失调症简称TAN，这种疾病的起始症状为感觉异常和感觉迟钝，而典型症状包括双侧视神经萎缩、双侧感知性耳聋和多发性神经病。热带神经性共济失调症患者往往是贫困者，他们以木薯为主食，还伴有营养不良等其他情况。虽然研究者不能断定木薯中的氰苷是罪魁祸首，但它具有最大的嫌疑。某些营养成分的缺乏，比如优质蛋白摄入不足（会导致硫氨基酸的缺乏）、维生素B_{12}与叶酸摄入不足等，都会影响人体体内解毒的进行。此外，在动物实验中我们可以看到，食用木薯干扰碘的代谢，从而导致甲状腺的肿大。

木薯不是中国人的主粮，所以我们倒也不用担心，但是利马豆和竹笋受到许多国人的喜爱，而这两种食物中的氰苷含量比木薯的还高。所以，对这两种食物，我们在烹饪和食用时要多加小心。利马豆本来不容易熟，经过长时间的浸泡与烹煮后，其中的氰苷会被破坏殆尽。传统上，人们不会直接烹饪竹笋，而会将它焯很长时间以去其涩味，然后再烹饪。氰苷在加热环境中不太稳定，所以竹笋经过长时间的焯水后，其中所含的氰苷被降到安全范围内。如果有人喜欢食用“原生态”的竹笋，就会冒比较大的健康风险。

回到最近流行的有关煮豆角的“小智慧”上来。豆角中所含的氰苷并不高，能够产生的氰化氢本来就不足为虑，所以那些去除氰化氢的小窍门也就多此一举。豆科蔬菜中真正值得关注的是植物凝集素。这种毒素存在于多种豆科蔬菜中，不同的豆科蔬菜中，植物凝集素的含量各不相同。通常情况下，植物凝集素中毒的症状是严重的恶心、呕吐、腹痛、拉稀等。如果摄入未煮熟的含植物凝集素的豆科蔬菜较少的话，这些症状能够在短时间内缓解消除，不会造成致命后果。植物凝集素对温度比较敏感，当食物被完全煮熟之后，植物凝集素的活性被大大降低。需要注意的是，如果食材加热不充分，植物凝集素的毒性反而更高，比如，加热到80℃会使其活性增加几倍，比生吃还糟糕。所以，做豆角，关键是要煮熟，完全不用纠结开锅盖还是盖锅盖的问题。

大米含砷怎么办

一说到砷，许多人想到的是潘金莲毒死武大郎的砒霜。人们说起某种物质的毒性，也往往拿砒霜来作比较。实际上，砷在自然界中广泛存在，我们的食物中也不例外，尤其是我们天天食用的大米中也含有砷。我们经常看到类似“米制品中被检测出砷”的报道，而美国《消费者报道》还根据检测结果发布了每天可以吃多少米制品的指南，所以当婴儿米粉中也被检测出砷来时，许多父母都忧心忡忡。

米制品中为什么会含有砷？我们还能放心地吃米饭吗？

大米含砷是“纯天然”，有砷未必不能吃

自然界的水中或多或少都会含有一些砷。水稻对砷有特殊的偏好，在生长过程中会对砷进行富集。此外，海产品中也可能含有比较多的砷。不过海产品中的砷主要以有机砷的形式存在，可以被看作是无毒的。所以，讨论饮食中的砷对健康的影响，大米以及米制品首当其冲。据报道，孟加拉国曾经发生过几万人砷中毒的事件。

砷是一种对人体有害无益的半金属元素，而无机砷更是被称为“1类致癌物”，意思是其对人体的致癌性证据确凿。所以，对于人体来说，砷的摄入量没有安全上限，而是摄入得越少越好。只是由于砷在地球上广泛存在，食物中不可能完全避免砷，所以世界卫生组织根据科学实验数据，制定了人体摄入无机砷的“安全摄入量”：每天每千克体重的摄入量不超过2微克。所谓“安全摄入量”，是指摄入量在这个值以下时，身体不会出现任何异常反应，或者说对身体产生的健康风险小到可以忽略。

根据这个“安全摄入量”，有些国家制定了大米的安全食用标准。比如中国现行的《食品安全国家标准：食品中污染物限量》（GB 2762—2012，以下简称《食品中污染物限量》）中，规定每千克大米中无机砷的含量不得超过200微克。这相当于一个体重75千克的人，如果饮食中没有其他的无机砷来源，那么他每天可以吃750克无机砷含量如此高的大米。在欧美国家，大米不是人们的主食，所以那些国家甚至没有规定砷的限量标准。

简而言之，“安全的大米”不是“绝对不含砷”的大米，而只能是“砷含量低于安全摄入上限”的大米。

婴儿米粉里含砷，还能食用吗

婴儿米粉是用大米制作的，加工过程中并没有去除砷的操作，其中含有砷也就不足为奇。按照世界卫生组织的安全摄入上限，一个体重10千克的婴儿，每天摄入20微克无机砷是安全的。中国《婴幼儿谷类辅助食物标准》（GB10769—2010）规定，婴幼儿谷类辅助食物的砷含量上限是每千克200微克。按照这个上限来计算，10千克的婴儿每天吃100克米粉是可以接受的。显然，正常婴儿是不会吃到这个量的，所以中国卫生部认为这个安全标准足以保护婴儿的健康。

虽然欧美人不以大米为主食，但是他们经常把米粉作为婴儿辅食。2008年英国科学家在《环境污染》杂志上发表了一篇论文，在论文中，他们公布了英国主要婴儿米粉品牌中的砷含量：在17个样品中，含量最低的是每千克60微克，最高的是每千克160微克，中间值是每千克110微克。他们指出，17个样品中有35%超过了中国规定的每千克150微克的安全标准，应该引起重视。（需要提醒的是，该论文发表时，中国执行的《食品中污染物限量》是GB 2762—2005版，其中规定每千克大米中无机砷的含量不得超过150微克。）

不过，美国环境保护署（EPA）认为婴幼儿摄入砷的主要途径不是食物，而是饮用水和接触土壤。很多地下水等天然水中含有较多的砷，某些地区的土壤中也含有比较多的砷。即使是合格的饮用水，也可能含有一定量的无机砷。在美国的饮用水中，砷的安全摄入上限是每升10微克。如果用这样的水来冲泡婴儿奶粉，按照通常每天几百毫升的饮用量，婴儿摄入体内的砷也有几微克，这就很值得引起注意了。

如何降低无机砷的摄入量

因为大米在中国人的饮食中占据绝对的主食地位，中国食品药品监管部门曾多次检测大米中的砷含量，结果显示一般都在标准范围内。美国没有设立标准，但美国FDA（美国食品药品监督管理局）检测过1300个大米样品。美国FDA发现，各类大米及米制品中无机砷的平均含量为每份餐量0.1～7.2微克。每份餐量根据米制品类型的不同而有所不同。例如，一份餐量的非印度香米的米饭相当于一杯煮熟的米，而一份餐量的米条可能仅相当于1/4杯大米。也就是说，即使每天吃几份米制品，离“安全摄入量”（一个体重75千克的人摄入无机砷的安全上限是150微克）还有很大距离。

不过，毕竟砷对人体没有任何益处，再小的风险如果能够降低也值得去努力。美国FDA鼓励所有消费者（包括孕妇、婴儿和儿童）平衡饮食，以获得更全面的营养，避免因过量食用单一食品给健康带来不利影响。

大米之外的其他谷物，比如玉米、小米、燕麦、荞麦等在生长过程中不会富集砷，所以其砷含量也就远远低于米制品。以前，人们认为米粉易消化、过敏风险低，所以适于作为婴儿的第一种辅食。现在科学家认为，没有任何证据支持这种观点。所以，美国儿科学会取消了米粉作为婴儿的第一种辅食的推荐，认为可以用任何谷物来做辅食。

需要注意的是，因为砷在水稻中的分布有一定的组织特异性，糙米中的砷含量要比精米中的高一些。当然，糙米中含有更多的膳食纤维、维生素、矿物质以及抗氧化剂，比起精米来有一些健康优势。是否愿意为了这些健康价值去承担砷摄入带来的风险，取决于个人的选择。此外，水稻富集砷的主要来源是水，是一种纯天然的来源，所以有机种植水稻无助于降低水稻中的砷含量——在美国FDA的检测中，有机大米的砷含量并不比普通大米的低。

通过烹饪来减少大米中的砷

大米中的砷含量主要与种植环境有关。不同品种、不同产地、不同年份等因素，都会导致大米中的砷含量不同。总体上说，市场上大米的砷含量还是在可接受的安全范围内。那么，对于个人来说，能否通过烹饪手段来降低大米中的砷含量呢？

虽然砷是通过水稻的代谢吸收富集到大米中的，但大米在与水接触的时候还是会浸出部分砷的。比如有研究发现，用清水充分清洗某些品种的长粒大米，可以去除大米中大约10%的砷，但用这种方法去除另一些大米品种中的砷，效率比较低。如果对大米进行加热，浸出的砷就更多——在实验中，用6倍于大米体积的水去煮饭，然后去掉米汤只要米饭，大米中砷的总含量和无机砷的含量分别降低了35%和45%。不过，在去掉米汤的同时，很显然也减少了某些维生素的含量。与糙米和精米的比较一样，这是一个“收益—风险”的权衡。因为很难说“以减少营养成分为代价来减少含砷量的利益到底有多少”，所以美国FDA说“尚不知道用更多的水来烹煮大米是否对总体健康有利”。

现在，人们一般都用电饭锅煮饭，决定加水量的标准是获得最好吃的米饭。加大量水、最后捞出米饭的烹饪方式，并不符合人们的习惯，尤其是支链淀粉含量高的大米，被烹煮时会有大量淀粉跑到水中，扔掉米汤会造成不小的浪费。在四川等地，传统的“蒸饭”是先把大米煮到半熟，沥去米汤，再蒸熟。这种“蒸饭”的方式应该可以去除较多的砷，效率大概比淘米要高，但比加大量水煮熟之后捞米饭的效率要低。

草莓真的农药超标了吗

某电视台财经频道曾经播出过一期有关草莓检测的节目，在节目中，节目组委托某机构对记者随机购买的八份草莓进行检测，结果检测出草莓中含有农药乙草胺，而乙草胺并未被登记可以在草莓种植中使用。八份草莓被检测出的乙草胺含量与欧盟标准相比，有的草莓的乙草胺含量超标6倍多。节目中的“专家”还指出，“美国已经把乙草胺列为2B类致癌物，如果长期食用残留乙草胺的食物，可能会导致乙草胺代谢物中毒，进而有患癌症的风险。”

节目一经播出，公众一片哗然。那么，市场上销售的草莓真的农药超标了吗？

对检测结果表示存疑

食品检测是一件很专业的事情，尤其是在要将检测结果与国家标准相比较，以判断食品是否合格的时候。一个可靠的检测必须满足两个条件：一是严格遵循国家标准中规定的检测方法；二是检测机构需要具有国家认可的资质。上述某电视台节目中的检测是节目组委托某农学院进行的，而事实上该农学院并不具备进行此类检测的资质。找一个科研机构来做检测，其结果是缺乏权威性的——换句话说，如果草莓种植者就此起诉该节目组，那么这个检测结果在法庭上是无效的。

当然，委托不具备资质的科研机构检测食品，只是说明上述电视台节目做得不严谨。我们对检测结果表示存疑，并不能因此说明这个检测结果就有问题。不过话说回来，这个检测结果本身也很令人生疑。乙草胺是一种除草剂，通常用于作物发芽之前。它是通过杂草吸收再发挥除草作用的。这种除草剂在土壤中的半衰期只有几天，如果按照常规用法，到草莓结果的时候，土壤里的乙草胺已经降解得差不多了，剩下的些许残留被吸收到草莓中达到检测到的高含量，基本上是不可能的。

那么有没有可能是草莓长到一定时候，杂草长起来，种植者又喷洒了乙草胺呢？从逻辑上说有可能。不过，应该注意到节目检测的草莓来自北京地区，在该地区，种植者一般会采用地膜覆盖种植草莓。地膜覆盖会抑制杂草的生长，是否还有必要使用除草剂，也很值得怀疑。

如果使用了，的确违规

上面说我们对检测结果表示存疑，只是基于理论和逻辑的分析，我们认为节目中检测出的结果不那么可靠，但值得注意的是，我们并不能用这种怀疑来肯定乙草胺用在草莓种植中的合法性。乙草胺作为一种除草剂，被登记使用于玉米、大豆、油菜、土豆、花生等作物的种植中，但并没有被登记可以在草莓种植中使用。如果种植者使用了乙草胺，那么不管草莓中乙草胺残留量高或者低，种植者的做法都是违规的。

不过，需要注意的是，这只是说乙草胺“没有被登记可以在草莓种植中使用”，并不是说“在草莓中使用了就会对人体有害”。一种农药没有被登记用于某种作物的种植，往往只是不适合或者好处不大，被登记了也不会有多大销量，而农药生产厂家去申请登记某种农药用于某种作物需要相当的成本，所以厂家也就不愿意去申请登记。如果乙草胺在草莓种植中真的有很大价值，那么厂家完全可以申请登记，使得种植者可以合法使用。违规和有害，在很多情况下是两件事。

“长期食用或致癌”是无聊的文字游戏

上述电视台节目宣称“美国已经把乙草胺列为2B类致癌物”，这一宣称吓住了许多人。需要指出的是，致癌物的分类是依据致癌证据的确切程度，而不是致癌风险的大小。2B类致癌物是美国环境保护署的分类，意为“有证据对动物致癌，但没有证据或者证据很弱对人体致癌”。

乙草胺作为一种广泛使用的除草剂，其残留量对健康的影响经过了科学家们相当多的毒理学研究，其中包括剂量与致癌风险的关系。科学家们最后制定出来的“安全标准”，就包括“（在此摄入量下）即使长期食用，致癌风险也略等于零”的内容。离开摄入量和安全标准的比较，泛泛地说“长期（过量）食用或致癌”，是毫无意义的文字游戏。

即使检测数据是真的，草莓还能吃吗

在上述某电视台节目组检测的草莓样品中，乙草胺含量最高的达0.367mg/kg，最低的也有0.1mg/kg左右。先不考虑检测结果是否可靠，如果草莓中真的含有这样数量的乙草胺，那么这样的草莓还能不能吃呢？节目中引用欧盟标准，认为含量最高的那个样品“超标6倍多”。

需要指出的是，所谓超标的标准是执法标准，并不是“安全”与“不安全”的分界线。在中国，乙草胺没有被登记在草莓种植中使用，所以理论上草莓中的乙草胺含量标准是0——只要用了，不管含量多少都是超标的。

乙草胺被大量用在其他大田作物中。用其他作物的限量标准来判断草莓中的乙草胺是否超标，实际上也没有意义——就像节目中选用欧盟标准（0.05mg/kg）来说事，而其他人也可以选用美国的其他食物的限量标准来说事。比如按照美国标准，甜菜糖浆中乙草胺含量的限量是0.8mg/kg，甜菜头的是0.7mg/kg，而大豆的则更是高达1mg/kg。

讨论安全性，我们需要做的是实际摄入量与最大允许摄入量的比较。安全评估中所依据的毒理学研究是一样的，只是各国对数据的处理和解读不尽相同。在乙草胺的安全评估中，人们依据的毒理学实验主要有三项。一项是为期78周的小鼠喂养实验，研究者把小鼠实验中确定的“安全摄入量”除以300，作为人类的安全摄入量，得到对人的“可接受每日摄入量”为每天每千克体重0.0036毫克。一项是为期1年的狗喂养实验，研究者把实验中确定的“安全摄入量”除以100之后，得到的对人的“可接受暴露量”是每天每千克体重0.02毫克。还有一项急性大鼠神经毒性研究，研究者把实验中确定的“安全摄入量”除以100之后，得到的对人的“急性安全参考剂量”是每千克体重1.5毫克。

急性安全参考剂量表示一次性吃下可导致中毒的量。按照每千克体重1.5毫克的标准，一个60千克的成年人一次吃下90毫克才会中毒——换算成节目中含量最高的那个草莓样品，需要吃下245千克那种草莓。

当然，我们更关心的是：虽然吃得少，但是经常吃会怎样？狗与人的亲缘关系比老鼠与人的亲缘关系更近，所以狗的实验数据的参考价值比老鼠的大。按照每天每千克体重0.02毫克的可接受暴露量标准，一个60千克的人每天可摄入1.2毫克乙草胺。换算成节目中乙草胺含量最高的那个草莓样品，即每天可以吃下3.3千克那种含量的草莓。即使采用从小鼠实验中得到的每天每千克体重0.0036毫克的标准，每天也可以吃下590克那种含量的草莓。这个安全摄入量的意思是：每天都吃这么多草莓，吃一辈子所带来的风险可以忽略——这里的风险，也包括致癌的风险。

喷洒了乙草胺的草莓还能吃吗

根据乙草胺的安全性数据和人们正常的食用量，即使上述某电视台的节目组对八份草莓样品的检测结果是准确的，也并不意味着草莓就不能吃了。即使是乙草胺含量最高的那个草莓样品，按照普通人的食用量食用，最终摄入的乙草胺也到不了危害健康的量。

不过，乙草胺毕竟没有被登记可以用于草莓种植。如果草莓中真的含有乙草胺，那么这种违规行为应该被追究。不过，节目中所做的检测毕竟不具有权威性，草莓中是否真的含有乙草胺，种植者是不是真的违规使用，还有待主管部门的调查。

切开的西瓜该不该用保鲜膜封装

切开的西瓜该不该用保鲜膜封装，这是每年夏天人们吃西瓜时会思考的一个问题。关于这个问题，有一则流传较广的传言："用保鲜膜包切开的西瓜，一段时间之后西瓜上的细菌数量会增长10倍。"这则传言还有所谓的"实验"依据：有位记者买来一个西瓜，将西瓜切成两半后，其中一半用保鲜膜包上，另一半西瓜则不包保鲜膜。17个小时之后，记者请某实验室的工作人员检测两份西瓜上的细菌数量。结果发现，用保鲜膜包住的那一半西瓜，其表面的细菌数量是一千多个，而没有用保鲜膜包上的那一半西瓜，其表面的细菌数量只有几十个。于是该记者得出结论："使用保鲜膜包西瓜反而会使细菌数量增多。"这个传言靠谱吗？让我们来仔细分析一下。

一个没有可信度的不靠谱实验

一方面，我们的环境中充满了细菌，处理食物的任何操作都可能引入细菌，这就给做细菌检测带来很大的挑战——即使是受过专门训练的技术人员，都需要极为小心，控制好各种条件，才能排除其他条件的干扰，让实验结果具有较高的可信度。上文中提到的那位记者是没有经过细菌检测操作培训的外行，我们很难相信他的操作能够避免所有可能的污染。

另一方面，食物中的细菌数量受偶然因素的影响很大。在食品生产过程中，严格规范的生产线上出来的两批产品，细菌数量都可能相差几十倍甚至上百倍。像上文中的记者那样随意操作，基于两个样品就得出结论，这样的做法实在是太过轻率。

某电视台生活节目对上述记者的“实验”结果的解释很牵强，说是保鲜膜导致了传热不畅，使得包上保鲜膜的西瓜的温度比不包保鲜膜的西瓜的温度高，所以有利于细菌的生长。事实上，保鲜膜很薄，传热效率并不低，即使有所影响，也不会很明显。这样微小的温度差异，对于细菌的生长很难体现出差别。还有人解释是保鲜膜阻止了水分流失，所以更有利于细菌生长。事实上，不管包不包保鲜膜，西瓜表面的水含量都大大高于细菌生长的需要，这点儿差别不足以导致细菌生长的差别。

来自科学文献的规范研究

1988年7月，《食品保护》杂志上刊发了一项研究，比较了切开的西瓜在封装与不封装两种情况下，西瓜中的微生物和西瓜风味保存的变化。结果发现，不封装的西瓜中的微生物的生长速度要比封装的快。而且，不封装的西瓜在颜色、外观、风味、味道和口感上的变化，也比封装的要快。

这是一项经过感官评价、公开发表在学术期刊上的科学研究，其可靠程度不是上文中提到的那位记者的简单实验可以比拟的。

保鲜膜的作用是什么

保鲜膜是一层很薄的塑料薄膜，它能够有效地把食物与周围环境隔离（虽然并没有完全隔绝空气）。它本身并没有杀菌或者抑制细菌生长的功能。

在封装食物的时候，保鲜膜的作用主要有三点：一是防止水分的流失，水分的流失会影响食物的口感；二是减少空气中的细菌以及其他食物的气味分子进入食物中；三是减少与外部空气的接触，对于切开的蔬菜水果来说，包上保鲜膜能够在一定程度上延缓氧化的进行。

只要保鲜膜本身是干净的，人们在用保鲜膜封装水果的过程中没有带来细菌，那么封装的水果因为保鲜膜减少了空气中细菌的进入，其中细菌的生长速度要比不封装的要慢。

保鲜膜主要有三类

制作保鲜膜的塑料主要有三类。

聚氯乙烯：简称PVC。这种保鲜膜使用性能很好，但可能含有塑化剂，如果与油脂食物接触、高温加热或者微波炉加热，可能会迁移出一些塑化剂来。所以，PVC的保鲜膜必须标明不能用于这三种情况，不过用它来冷藏蔬菜水果没有多大问题。

聚乙烯：简称PE，不含塑化剂，但使用性能不如PVC的好。

聚偏二氯乙烯：简称PVDC，不含塑化剂，但价格较高。

如果是封装蔬菜水果，使用哪种保鲜膜都可以。需要记住的是，只有特别标明了“可微波加热”的保鲜膜，才能和食物一起被放入微波炉中加热。如果有这一标注，说明经过检测，该保鲜膜即使在微波加热的情况下，也不会释放出危害健康的小分子。这样的保鲜膜安全性更高。

切开的水果应该如何保存

蔬菜和水果被切开或被削皮之后，需要尽快将它们保存到冰箱中。切开的水果在室温下放两个小时，水果上的细菌数量就可能增加到危害健康的程度，谨慎的建议是扔掉。

以下是合理保存蔬菜水果的要点：

1. 最好是不洗、不切、不削皮，直接放入冰箱保存。

2. 已经被削了皮或者被切开的果蔬，应该用保鲜膜紧紧包好，或者用保鲜袋装好，尽快放入冰箱中保存。

3. 要放进冰箱的蔬菜水果格中，与肉、禽、鱼、海产等食品隔离。

4. 不要在蔬菜水果的上方放重物。

5. 保持冷藏温度在4℃以下。

6. 经常清理冰箱，扔掉变坏的食物，并用含有清洗剂的热水擦洗变坏的食物接触过的地方。

药水泡过的荔枝能吃吗

每年荔枝上市时节，总会出现各种各样关于“荔枝病”的传言。比如，有传言说很多荔枝都是用有弱腐蚀性的药水浸泡过的，小孩子吃了之后很容易发烧并患上手足口病。

首先揭穿一下“吃药水泡过的荔枝会导致手足口病”的谣言：手足口病是肠道病毒引起的传染性疾病，在儿童中经常发生；泡荔枝的药水的作用是防腐保鲜，与引发手足口病所需要的传播肠道病毒背道而驰——且不说这些药水对于抑制病毒传播是否有效，但至少不会帮助传播病毒，“导致手足口病”也就无从谈起了。

药水泡过的荔枝安全吗

荔枝是热带水果，要将它销售到产地之外的地区，需要解决储存与运输的问题。荔枝实在是太“娇气”了，尽管它外面有一层看起来厚厚的果壳，但其实果壳上的孔隙很多，果壳既不能保水，也不能阻止细菌入侵，而且荔枝肉中的多酚类化合物还很容易被氧化变色。简而言之，如果不采用防腐保鲜措施，中国绝大多数地方是无法吃到荔枝的——想当年，杨贵妃需要动用传送国家机密的力量才可以吃到荔枝。即便现在交通发达，荔枝可以很容易地被迅速送到任何地方，但大多数人还是消费不起这样的荔枝。

农业科学家们一直在努力寻找荔枝的保鲜防腐方法。其他“高大上”的方法都因为种种缺陷难以广泛使用，化学药水浸泡依然是最现实的方案。与传言中所说的不同的是，用于浸泡荔枝的药水不是福尔马林，而是漂白粉水和其他杀菌剂——关于这些药物的种类和残留量，国家都有明确规定，只要人们按规定食用，就不会危害健康。

简而言之，对于非荔枝产地的大多数人来说，要么接受“经科学评估认为安全”而吃药水泡过的荔枝，要么为了避免“万一存在的风险”而拒绝食用荔枝——两全其美的解决方案并不存在。

“荔枝病”并非谣言

在规范使用的前提下，浸泡荔枝的药水不会危害人体健康，但食用荔枝有可能引起一些症状，比如腹痛、腹泻、胀气、晕眩等。在印度的穆扎法尔布尔，每年爆发的急性神经系统疾病也被认为与荔枝有关。

印度的穆扎法尔布尔盛产荔枝。自1995年以来，人们注意到在每年荔枝成熟的6月前后，该地区就会有许多人患上急性神经系统疾病，比如2013年和2014年患上该疾病的人总共超过了500名，其中大多数是儿童。这些患者的死亡率很高，在2013年高达44%。此后，研究者发现许多急性神经系统疾病患者身上同时存在低血糖并发症，他们对此进行了针对性的处理之后，在2014年将该疾病的死亡率降到31%。

起初，人们认为这是荔枝中的果糖惹的祸。荔枝中含有大量的糖——荔枝中超过80%的成分是水，剩下的大约有15%是糖，其中很大一部分是果糖。果糖比蔗糖和葡萄糖都要甜，这也是荔枝很甜的原因。果糖的化学结构和葡萄糖的很相似，但它们在人体内的代谢途径完全不同。有很少的一部分人，他们的体内缺乏一些酶，这使得果糖在他们体内的代谢出现异常，并且干扰葡萄糖和胰岛素的代谢，最终导致低血糖。

不过这种说法比较勉强。因为荔枝中的果糖含量虽然不少，但果糖含量比它高的食物有很多，比如大枣、葡萄（葡萄干）、无花果、梨、樱桃等，都含有大量的果糖，而现代食品中广泛应用的果葡糖浆，有一半左右的成分是果糖。如果真的是荔枝中的果糖导致了“荔枝病”，那么食用上述果糖含量高的水果也会导致类似的健康问题出现。

科学家们经过深入的研究，发现荔枝中存在着两种毒素：次甘氨酸A（Hypoglycin-A）和α-亚甲环丙基甘胺酸〔α-（Methylenecyclopropyl）glycine，即MCPG〕。2017年《柳叶刀》上刊发的一篇论文指出，印度的穆扎法尔布尔的“荔枝病”与这两种毒素密切相关。致病的场景通常是：孩子们在果园里玩耍，摘了大量的荔枝来吃，晚上回家后不吃晚饭，睡到深夜体内血糖不足——正常情况下，身体通过“糖异生”作用（即人体把乳酸、丙酮酸、氨基酸及甘油等非糖类物质转化为糖类）产生糖来弥补血糖不足，而荔枝中的这两种毒素抑制了糖异生作用的进行，从而使得孩子们出现低血糖症状。

这是科学界对于“荔枝病”研究的最新进展，虽然不能说这是盖棺定论，但是至少对于荔枝与“荔枝病”之间的关系做出了较为合理的解释。

还能给孩子吃荔枝吗

基于目前的科学研究，荔枝中的果糖和毒素可能都与“荔枝病”有关。从病例记录来看，儿童是最容易“中招”的人群；从发病过程和致病机理来看，“空腹”与“大量吃”是两个核心的致病因素。“空腹”是因为体内糖原储存不足，需要通过“糖异生”作用产生糖——如果不是空腹，体内有足够的糖原，也就不需要启动糖异生过程，这时次甘氨酸A和α-亚甲环丙基甘胺酸是否会抑制糖异生作用，也无关紧要。“大量吃”导致毒素摄入量比较大。需要注意的是，没有完全成熟的荔枝中毒素含量会更高，就更需要小心。

除了荔枝，红毛丹和桂圆中也含有次甘氨酸A和α-亚甲环丙基甘胺酸以及大量果糖，我们在食用它们的时候，也要同样小心。

另外需要指出的是：荔枝是一种“好吃”的水果，但不见得是一种“好”的水果。荔枝中的营养成分除了维生素含量值得称道之外，其他的乏善可陈，事实上维生素C很容易从其他的蔬菜水果中获得，而荔枝的含糖量甚至超过了很多甜饮料，糖的各种危害它都无法避免！

所以，对于荔枝，可以吃，但不要多吃，而对儿童来说，尤为重要的是不要在饿的时候拿它当饭吃。

别被“火腿培根致癌”的说法吓坏了

前不久，一篇题为《世界卫生组织：火腿、培根为致癌物，与砒霜同列》的文章引爆了网络和微信。世界卫生组织的确正式公布过火腿、培根等加工肉制品为“1类致癌物”，而红肉也被确定为“2A类致癌物”。一时间，“猪肉、牛肉、羊肉都是致癌物”的说法传得沸沸扬扬，“肉还能不能吃”的质疑此起彼伏。

这一切，不过是曲解了“致癌物”的概念而引发的恐慌。

世界卫生组织的“致癌物分类”也经常被不正确地称为“致癌等级”。实际上，这个分类或者分级的依据是某种物质增加人体致癌风险的证据确凿程度。等级最高的“1类致癌物”，表示“有很确凿的证据显示该物质能增加人的致癌风险”，而“2A类致癌物”是指“对人体致癌的可能性较高，在动物实验中发现充分的致癌性证据。对人体有理论上的致癌性，但实验性证据有限”。证据的确凿程度与致癌的风险大小，是完全不同的两件事。

如果用法院判案来比喻，“1类致癌物”相当于“人证、物证俱在，犯罪嫌疑人对犯罪事实供认不讳”的案件，而“2A类致癌物”，则相当于“有很多间接证据指向嫌疑人，嫌疑人也有作案的时间和动机，但就是缺乏直接证据”。对于“1类致癌物”，“法院”可以进行判决。而对于“2A类致癌物”，“警方”可以高度怀疑，继续侦办，如果找到直接证据，就会将它升级成“1类致癌物”。至于犯罪事实是杀人放火，还是顺手牵羊骑走了别人忘记上锁的自行车，跟这个分类并没有关系。实际上，“1类致癌物”中除了香烟、无机砷、石棉、黄曲霉毒素这些臭名昭著的致癌物，还有中式咸鱼、槟榔和太阳辐射等人们接触了千百年的东西。

火腿肠、培根、香肠等加工肉制品会增加患癌风险，其实在食品界早已算是共识。比如美国癌症研究所认为，每天吃50克左右的培根，得大肠癌的风险会增加大约21%，而世界卫生组织评估给出的数字是18%。需要注意一点，是得大肠癌的可能性增加18%，而不是有18%的可能性得大肠癌。

那么，如果大吃特吃加工肉制品，得大肠癌的可能性有多大呢?

目前，我国大肠癌的平均发病率大约在万分之三，不同地区略有不同。假设这个万分之三是在所有人每天都吃50克左右加工肉制品的背景下得到的，那么——如果所有人都不吃这些加工肉制品，全国的大肠癌平均发病率大约能降到万分之二点五；假设这个万分之三是在所有人都不吃加工肉制品的背景下得到的，那么——每个人每天都吃50克加工肉制品之后，大肠癌的发病率会增加到万分之三点五。说得更简明一些，即与所有人都不吃加工肉制品相比，每两万个每天都吃50克加工肉制品的人中，一年之内得大肠癌的人数会多一个。

癌症发病率是指一年之中新增癌症病例与总人口的比例。如果把万分之三作为自己每年得病的可能性，那么，活到80岁得大肠癌的可能性大约是2.4%。如果每天都吃50克加工肉制品而增加了18%的风险的话，那么活到80岁得大肠癌的可能性会升高到2.8%。是为了避免增加0.4%得大肠癌的风险而不吃加工肉制品（甚至是新鲜红肉），还是相信自己的运气不会那么差因而想吃就吃，取决于每个人对于“风险”与“口福”的权衡。无论是科学研究的数据还是世界卫生组织的结论，都只是为公众提供权衡的事实基础，而不是告诉大家“该吃”还是“不该吃”的结论。

孩子该不该吃鱼

有一位妈妈在我的互动平台上向我提问：人人都知道鱼是一种健康食物，孩子吃了会聪明。然而，近几年来由于水体被污染，鱼类蓄积重金属的问题让我们对吃鱼的安全性感到很担心，于是不敢给孩子多吃鱼。请问这种担心有必要吗？常吃鱼是不是真的会在孩子体内蓄积重金属从而有害健康？让孩子每周吃一两次鱼有没有问题？从营养的角度考虑，是淡水鱼好，还是海鱼更好？另外，如果孩子吃鱼吃少了，是不是可以用鱼肝油等其他保健品代替这部分缺失的营养？

针对这位妈妈的多个问题，首先我想说明的是，鱼的确是一种健康食品。鱼能提供优质蛋白、鱼油、维生素D、维生素B_{12}、硒等许多孩子容易缺乏的营养成分，对于整体健康是有利的。比如在《中国居民膳食指南》中，水产品（包括但不限于鱼）就被当作应该“多吃”的食物来推荐。不过，许多妈妈期望“孩子吃了鱼会聪明”，未免对鱼的期望值太高。

其次，我认为这位妈妈对鱼类蓄积重金属问题的担心也不是杞人忧天。环境污染我们无法回避，我们也经常听到和看到“重金属超标”“有机污染”等新闻。为了回答这位妈妈的问题，我们先从鱼的污染说起。

鱼中的汞从哪里来

鱼中的污染物可分为重金属和有机污染物。一般来说，重金属污染除了来自环境污染，还与地理环境密切相关。有些无污染的地区，水体中含有相当高的重金属。有机污染物则主要来自人类排放到环境中的污染物。

水中的污染物会被浮游生物或者植物吸收富集。然后，浮游生物或植物会被食物链底层的鱼吃掉，这些鱼体内的污染物就发生了二次富集。这些鱼又被高一层级的鱼吃掉，污染物再次富集。层层递进，越是食物链顶端的鱼类，就越能富集重金属。

什么样的鱼含重金属少

在鱼类的各种污染物中，最引人关注、被研究得最多的是汞。鱼中的汞以甲基汞的形式存在，甲基汞含量是评估鱼类食用安全的最常用的指标。国内外媒体都报道过科学家对许多鱼中的甲基汞含量的调查。

显而易见，鱼中含有多少汞，首先与鱼的生长环境有关。环境中的汞，又与自然界的“本底含量”（未受污染的情况下的含量）有关——海底经常爆发火山的海域，即使没有受到污染，海水中的汞含量也可能很高。所以，对于消费者来说，重污染地区的鱼有污染，无污染的深海或者湖泊中的鱼也不意味着其汞等重金属含量就低。

甲基汞含量低的鱼，每千克鱼肉中只有几微克甲基汞；甲基汞含量高的鱼，每千克鱼肉中的甲基汞则超过1000微克。作为消费者，我们显然不可能把每条鱼都进行检测后才购买，不过我们可以探究一下鱼中甲基汞含量的粗略规律，尽量避免选择汞含量高的鱼而选择汞含量低的鱼。

首先，鱼虾在食物链中的层级越高，就越容易富集汞，比如鲨鱼、箭鱼、金枪鱼等，每千克鱼肉中所含的甲基汞往往超过1000微克。食物链底层的鱼，比如鲶鱼、虾等，每千克鱼肉（虾肉）中往往只有几十微克的甲基汞，甚至更低。

其次，鱼的生长期越长，其富集的汞就越多。因为汞在动物体内的代谢很慢，如果水中的汞含量高，那么积累的速度就会大大超过代谢的速度，鱼体内的汞就会越积越多。所以，从重金属污染的角度来考虑，买小鱼是更明智的选择。

再次，如果生长的环境营养丰富，鱼生长迅速，那么相对在其他环境中长到同样大小的鱼，生长在营养丰富的环境中的鱼积累的汞等重金属会少一些。在这一点上，养殖的鱼就往往比野生的鱼更有优势——当然，前提是水质相同。

此外，一般来说，淡水鱼的汞含量往往要比海鱼的汞含量低，虾、蟹、蚝、鱿鱼等水产的汞含量比鱼的要低。

既然有这么多污染，鱼还能吃吗

首先需要说明一点，根据国内外报道所披露的调查数据，中国水域中的鱼的甲基汞含量并不比国外的高，所以我们可以引用国外机构对吃鱼的风险与好处进行权衡之后所下的结论。

《2015美国膳食指南》指出：食用绝大多数野生鱼或者养殖鱼所带来的污染物风险，不管是汞污染还是有机污染物所带来的风险，都不超过吃鱼所带来的好处。美国FDA推荐成年人每周吃220～340克低汞的鱼；对于儿童，则推荐每周吃2到3次，给予适当的份量。也就是说，一个三口之家，每周吃一两斤鱼是比较适当的。

当然，这个量只是一个大致的指导。如果确定购买的鱼污染少，那么多吃一点儿也无妨。如果实在喜欢那些含汞量高的鱼，偶尔尝尝鲜也是可以的。在买鱼的时候，你可以参考以下几条来选择：

1. 按照香港食品安全中心的总结，鲨鱼、剑鱼、旗鱼、金目鲷及金枪鱼等捕猎鱼类含汞量较高，而三文鱼、沙丁鱼、鲩鱼（草鱼）、鲮鱼、乌头鱼、泥艋鱼、马头鱼、黄花鱼、桂花鱼（鳜鱼）、红衫鱼及大眼鸡（木棉鱼）等鱼类含汞量就比较低。

2. 从鱼油含量的角度来说，海鱼比淡水鱼有优势。从汞污染的角度来说，淡水鱼比海鱼有优势。

3. 对于同一种鱼，生长时间短（因而小）的鱼比生长时间长（因而大）的鱼含汞量要低。

4. 没有必要青睐野生的鱼。虽然有一些报道认为野生鱼的鱼油含量比养殖的高，但《2015美国膳食指南》中的评估结果是“就评估的种类而言，养殖产品中的EPA/DHA含量并不比野生的低”。

5. 虾、蟹、蚝、鱿鱼等水产可以代替鱼，一般来说，它们蓄积重金属的能力也比鱼类的要低。

6. 不要太纠结于鱼的鱼油含量高低。鱼油只是鱼中的一种营养成分，鱼油含量低的鱼也是值得吃的优质食物。

7. 鱼肝油和鱼油是两种东西，它们都不能代替鱼。

动物的肝脏有毒，尚能补铁否

有一位妈妈问我：做父母的都担心孩子缺铁，有的专家说动物肝脏是补铁的好食物，但也有专家说动物肝脏富集各种毒素。那么，到底该不该给孩子吃动物肝脏来补铁呢？

铁是人体必需的微量元素，缺铁会造成贫血、嗜睡、易疲劳等一系列症状。就补铁而言，动物肝脏的确是很好的食物。这位妈妈的问题问得很好。面对任何一种食物，我们不仅要考虑它“擅长”的一面，还需要考虑它“可能有问题”的一面。只有对一种食物“好”的一面与“可能有问题”的一面进行综合权衡，我们才能做出合理的选择。

动物肝脏中那些丰富的营养成分

食用动物肝脏可以高效补铁，这一知识深入人心。以猪肝为例，100克生猪肝中大约含有23毫克的铁。按照《中国居民膳食营养素参考摄入量（2013版）》的推荐，4～6岁的儿童每天铁的推荐摄入量是10毫克，7～10岁的儿童为13毫克。也就是说，按照这个推荐，一个孩子每天只需要吃30～44克猪肝，就可以完全满足身体每天对铁的需求。

实际上，这个推荐量是基于食谱中所有铁的平均吸收率而估算出来的。人体对铁的吸收率受铁的存在状态的影响很大。动物肝脏中的铁以血红素铁的状态存在，人体对它的吸收率要远远高于对食谱中其他食物来源的铁的吸收率。也就是说，如果通过食用猪肝来补铁，用不着吃太多，人体就能吸收到足够的铁。

动物肝脏提供维生素A的能力比提供铁的能力还要强。100克猪肝中大约含有6500微克维生素A。1~3岁的孩子每天需要的维生素A只有300微克，而4~8岁的孩子也只需400微克。也就是说，一个孩子只要每天吃4.6~6.2克猪肝，就可以完全满足身体对维生素A的需求。

除此之外，猪肝中还含有相当丰富的B族维生素和蛋白质。100克猪肝中的蛋白质大约为20克——这意味着，40克猪肝中的蛋白质含量与半斤牛奶中的蛋白质含量相当。

吃动物肝脏的健康风险

肝脏是身体处理有毒物质的器官。相比于其他器官，肝脏中残留的重金属以及药物量要比肉中的多一些。不过，就猪肝而言，猪肝中残留的重金属的具体含量与猪吃的饲料和喝的水密切相关，不能一概而论。国外有机构检测过一些市场上不同禽畜的肝脏、肾脏与肌肉中各种重金属的含量，结果是：肝和肾中的重金属含量往往比肉中的要高，但不同的样品之间相差很大——有的含量在检测限以下，有的样品中则含有不可忽略的汞、铅、镉、铬、镍等重金属元素，最高含量超过了欧盟的限量。那些重金属含量最高的样品，几十克样品中所含的重金属的量就超过了国际标准中的“安全摄入量”。

动物肝脏中含有丰富的铁和维生素A，但我们并不是摄入越多越好。比如1～8岁的孩子每天摄入的铁的上限是40毫克。一般而言，通过食物摄入铁不会超过这个限量，吃动物肝脏的健康风险主要来自维生素A摄入过量。

按照《中国居民膳食营养素参考摄入量（2013版）》的推荐，4～6岁的孩子每天摄入的维生素A应该低于600微克，7～13岁的孩子每天摄入的维生素A应低于700微克。根据猪肝中的维生素A的含量来推算，1～3岁的孩子每天食用9.2克猪肝，便可满足身体对维生素A的需求，而4～8岁的孩子每天食用13.8克猪肝，便可满足身体对维生素A的需求。如果偶尔摄入的量超过“安全摄入量”，也不会出现问题，但如果长期过量摄入，就可能会导致头昏、恶心、头痛、皮肤红肿、关节和骨骼疼痛甚至昏迷。

不同动物的肝脏，营养成分相差很大

前面我们是以中国人最常吃的猪肝为例来进行分析的。铁和维生素A的含量，是分析动物肝脏营养成分的两个最重要的指标。根据美国农业部的食品成分数据库的资料，在不同动物的肝脏中，这两种成分的含量相差很大。比如100克牛肝中含铁4.9毫克、维生

素A约5000微克；100克羊肝中的铁和维生素A的含量分别是7.4毫克和7400微克；鸡肝分别是9毫克和3300微克；鸭肝分别是30毫克和12000微克；鹅肝分别是30毫克和9300微克。

根据这些数字，我们可以看出羊肝中的维生素A含量比猪肝的高，而含铁量却只有猪肝的三分之一，完败于猪肝。鸡肝和牛肝的维生素A含量比猪肝的低一些，因而“安全摄入量”也就会大一些，但是它们的含铁量大大低于猪肝的含铁量，即使吃得多一些，摄入的铁还是不如吃猪肝摄入得多。鸭肝和鹅肝的含铁量比猪肝的高，但维生素A的含量比猪肝的高得多，所以综合比较来说还是不如猪肝。

简而言之，如果一定要通过吃动物肝脏来补铁，那么吃猪肝比吃其他的动物肝脏要安全有效一些。

该不该给孩子吃猪肝

考虑到补铁所需摄入的猪肝的量相当小，我们不用担心猪肝中的重金属总量。吃猪肝的原因是为了“补铁”，不吃猪肝的原因是为了避免“维生素A过量”。

如果一个孩子处于缺铁状态，那么通过吃猪肝来补铁是可以考虑的。考虑到身体对猪肝中铁的吸收率大大高于制定摄入量标准所用的“平均吸收率”，一个孩子每天吃二三十克猪肝就可以获得足够的铁。吃这么多猪肝会导致维生素A超标，不过这种程度的超标还不至于产生严重的副作用。

如果孩子本身并不缺铁，那么就没有必要去吃猪肝。铁和其他微量元素一样，只要摄入满足身体所需的量就行，额外补充不会带来好处。在这种情况下，就没有必要去冒维生素A摄入过量带来的健康风险。

猪肝是一种非常高效的补铁食物，但健康饮食不需要建立在某种特定的“高能食物”上。就补铁而言，只要注意饮食均衡，比如每天食用适量的肉类和富含维生素C的食物，那么同样可以获得足够的铁。

当面包中含有鞋底原料时

赛百味一度成为新闻焦点，原因是他们出售的食物中含有偶氮甲酰胺。偶氮甲酰胺是生产瑜伽垫和鞋底的原料，在澳大利亚和欧盟等国家和地区被禁止用于食品。新闻又称该物质可能导致过敏或哮喘等方面的问题。新闻媒体以“赛百味承认食物中含有鞋底原料”为标题进行报道，耸人听闻，所以这样的报道一时间席卷网络世界不足为奇。

这实在是一个没事找事的新闻。除了作为生产瑜伽垫和鞋底的原料之外，偶氮甲酰胺还是一种食品添加剂，用于面粉的漂白和氧化。如果说漂白还不是那么重要的话，氧化对于改善面粉的性能至关重要。面粉形成面团，需要其中的面筋蛋白互相交联，充分形成网状结构。对面粉进行氧化处理，可以大大促进这种交联的发生，从而改善面包的口感。之前食品工业大量采用溴酸钾，后来发现其安全风险较高，而偶氮甲酰胺的效果更好，而且没有发现安全风险。也就是说，偶氮甲酰胺是以“长江后浪”的姿态取代“前辈”溴酸钾而进入到食品中的。

联合国粮食及农业组织和世界卫生组织下的食品添加剂联合

专家委员会（JECFA）评估过偶氮甲酰胺的安全性，结论是，添加量在每千克不超过45毫克的范围内带来的安全风险可以被忽略。美国、加拿大和中国等采用了这一结论。所以，美国的赛百味中含有偶氮甲酰胺是完全合法的，而且，除了赛百味，其他公司的面包产品中也有它的存在。这种物质对消费者没有什么危害，但在生产过程中可能导致工人出现过敏或哮喘等方面的问题，所以，澳大利亚和欧盟等国家和地区没有采用JECFA的结论，而是禁止它作为食品添加剂使用。

与大多数的食品添加剂一样，偶氮甲酰胺也被广泛应用于生产工业产品。添加了偶氮甲酰胺的塑料可以用来生产鞋底，于是“赛百味事件”就被媒体阐释为“面包中含有鞋底原料”，这种报道实在是缺乏基本的逻辑。遵循同样的套路，任何一种食品都可以被阐释为含有工业产品原料甚至垃圾废料成分。比如淀粉可以用于生产可降解塑料，是不是可以宣称“面包中含有塑料饭盒成分”？许多食品乳化剂也用于油墨生产，是不是可以宣称“冰激凌中含有油墨成分”？很显然，这些宣称显得非常可笑。

公众更关心为什么同一种食品添加剂有的国家禁止使用，有的国家却又允许使用。这在食品行业中很正常。对于一种物质的安全评估，实验证据是全世界通用的，但对一种物质所带来的好处和风险的权衡，则是主观的判断。比如JECFA认为，实验证据已经充分说明限量使用偶氮甲酰胺很安全，而美国认为它带来的好处（改善面粉的性能）又很重要，所以就采用了JECFA的结论。欧盟并没有否认JECFA采用的数据和评估结果，但他们不认为这种添加剂带来的好处有多重要，他们对在生产过程中导致工人出现过敏或哮喘症状的事情更关注，所以禁止偶氮甲酰胺作为食品添加剂使用。这完全可以理解。许多别的食品添加剂，比如同样是面粉改良剂的过氧化苯甲酰，还有食用色素等，也是同样的情况。

新闻称赛百味承诺将从自己的食品中移除偶氮甲酰胺，许多人认为这说明赛百味承认了偶氮甲酰胺有害。实际上，企业主动选择停用一种原料，与是否认为它有害并没有什么关系——是否有问题，需要由监管部门来判断。企业的经营核心是在不违法的前提下满足消费者的需求——至于消费者的需求是否科学和理性，并不在企业的考虑范围之中。

禁用偶氮甲酰胺不是什么大不了的事情，但是我们需要知道，面包行业总是需要面粉改良剂的。停用了偶氮甲酰胺，自然需要其他的替代品上位，就像偶氮甲酰胺的“前辈”溴酸钾退出后一样。

浓茶能不能解酒

“浓茶解酒”是一个流传甚广的说法。近年来许多专家又说浓茶不仅不能解酒，反而伤身。茶与酒，到底是怎样的一对冤家？

通常说的“解酒”，一般是指减轻饮酒过量引起的反应，比如头痛、呕吐、动作失调、反应缓慢等。解酒这种明显的反应，必须要“解酒物”被迅速吸收并且发挥作用才能显示出来。

酒精进入人体之后，会被转化为乙醛，然后转化为乙酸，最后分解为二氧化碳和水以及转化为脂肪。如果进入人体的酒精不多，这个处理流程运行良好，人的身体就不会有太大的反应。反之，如果短时间内摄入大量酒精，超过了“酒精代谢流水线”的处理能力，就会有一些中间产物累积下来。多数人是因为乙醛在转化为乙酸的那一步“窝工”而导致体内的乙醛含量增加的。人体对乙醛比对酒精还要敏感，于是过量饮酒者就会出现面红耳赤、头晕目眩的症状，手脚也不听使唤了。

要解酒，就需要加快这条流水线的运行。茶水中有上百种物质，其中最重要的是咖啡因和茶多酚等抗氧化剂，然而，这些成分对这条流水线的运行无能为力。实际上，不仅是茶水不行，迄今为止，科学家没有发现某种食物能够加快这条流水线的运行。

不过，这并不意味着喝茶对喝酒没有影响。我们知道，酒精的作用是让人晕眩、虚弱、运动能力失调，而咖啡因却可以刺激神经，使人兴奋和清醒。茶水中含有大量的咖啡因，是不是可以“对抗”醉酒反应呢？关于这方面的研究还真不少，比如2006年《酒精中毒：临床与实验研究》杂志上就刊登了一项研究：喝下同样多的酒之后再喝一些运动饮料的人，头痛、虚弱、口干以及运动能力失调这些醉酒症状都要明显弱于单纯喝酒的人。运动饮料中含有咖啡因，运动饮料的这种对抗作用被归结为咖啡因的功劳。不过，人们会根据这些主观感觉来确定自己有没有喝多，这种对抗作用干扰了人体对体内酒精量的判断，从而不知不觉喝得更多。因为有统计数据支持这一结论，所以美国甚至禁止在酒精饮料中添加含咖啡因的运动饮料。

以上这项研究还检测了实验志愿者的运动灵敏性，结果是虽然咖啡因使得喝了同样多的酒的人感觉好一些，但是并没有帮助他们恢复运动灵敏性。一杯常规的茶比一杯咖啡所含的咖啡因要少，但茶水中的咖啡因含量与茶叶本身、茶叶量、水温和冲泡时间密切相关，一杯浓茶的咖啡因含量也不容小视。

显然，酒后的反应与喝酒的量还有人的体质有关，茶（或者咖啡因）的作用也与饮用量以及人的体质有关，不同的实验就有可能得到不一致的结果。比如，不止一项研究让志愿者喝下不同量的酒，然后比较在摄入与不摄入咖啡因的情况下模拟驾驶的能力。

结果发现，哪怕是少量饮酒，人的刹车反应时间都会大大延长。如果是在中国的酒驾范围内（即酒精检测结果不超过0.08%），那么咖啡因能够有一定帮助。2001年《药物和酒精依赖》杂志上刊登的一项研究认为，这种帮助作用很有限。摄入咖啡因之后的刹车反应时间比不摄入咖啡因的明显缩短，但是即使摄入400毫克的咖啡因（相当于喝下3～4杯咖啡），也还是比不喝酒时的刹车反应时间明显要长。茶水中的咖啡因含量往往比咖啡中的要少，即使是浓茶也需要喝很多才能获得足够的咖啡因。所以，为了安全，“开车不喝酒，喝酒不开车”是最明智的选择。

咖啡因在体内的代谢受到酒精的影响会积累得更多。喝酒之后再喝浓茶，人体可能会处于更兴奋的状态。如果喝完酒希望尽快入睡，喝浓茶就帮了倒忙。

茶水中不仅有咖啡因，还有大量的抗氧化剂，这些成分对喝酒又有什么样的影响呢？当酒精代谢不畅时，人体内的乙醛含量增加，在其他酶的作用下会产生大量的超氧阴离子。超氧阴离子会引发一连串的氧化反应，最终损害细胞膜、蛋白质和DNA。抗氧化剂可以制止这种氧化反应的进行，从而起到保护细胞活力的作用。

这种损害与保护都不是立竿见影的，而是长期作用的结果，因此浓茶对解酒并没有明显的效果，不过对于长期喝酒的人来说，这种保护作用可能有一定的价值。2004年，波兰科学家在《食品与化学毒理学》杂志上发表了一项实验：把大鼠分为四组，即对照组、茶水组、酒精组和茶水加酒精组。科学家每天往对照组的大鼠胃里灌注生理盐水；每天让茶水组大鼠自由饮用茶水，并往它们的胃里灌注生理盐水；每天往酒精组大鼠的胃里灌注酒精，而且逐渐加大灌注量；每天让茶水加酒精组大鼠自由饮用茶水，并且往它们的胃里灌注与酒精组同样量的酒精。四周之后，科学家对四组大鼠进行分析，分析大鼠的肝脏、血液和脑中诸多与氧化和抗氧化有关的指标。结果科学家发现，与对照组相比，茶水和酒精都会改变多项指标，且两者改变的方向相反。最关键的结果是，茶水加酒精的那一组，各项指标都更加接近对照组，且这种情况在肝脏和血液中比在脑中更加明显。

基于“酒精增加体内氧化压力”的理论，波兰科学家对这项研究的解读是：酒精增加了体内的氧自由基，而茶水中的抗氧化剂则有助于清除氧自由基，从而使身体更接近不喝酒的状态。

需要注意的是，这项研究只是说“如果不得不经常喝酒，那么经常喝茶可能有助于减少酒精对身体的氧化损伤”。此外，这毕竟只是一项动物实验，在人体中是否如此？要喝多少茶才能起到类似的保护作用？等等。很多问题都还没有答案。而且，“减少”也不是“消除”。要健康，最好的选择还是适量喝酒或不喝酒。

如何看待食品中的塑化剂

塑化剂是从塑料中溶出的环境雌激素，它第一次进入普通人的视野源于2011年台湾地区“起云剂中添加塑化剂”的丑闻。所谓“起云剂”，是将油、乳化剂和增稠剂进行均质化处理后得到的浓缩的黏稠乳液。把起云剂加到饮料或者其他液体食物中，就会产生浑浊、均匀的外观，带来良好的口感与风味。这是食品工业的一种中间原料。在台湾地区的起云剂丑闻中，起云剂生产厂家用工业原料塑化剂来代替食品原料，使得所有用该企业生产的起云剂作为配料的下游厂家全部“中招”。这一丑闻影响深远，所以，当酒鬼酒被曝出“塑化剂超标”时，就立刻引发了全社会的关注，而随后中国酒业协会做出的“所有白酒中都含有塑化剂”的信息通报，进一步导致群情激愤。

公众总是希望食品绝对安全，所以任何有毒成分或污染残留在食品中的存在，都会招致公众愤怒的谴责。事实上，有害污染物在我们的生活中是广泛存在的，就像我们的影子一样伴随左右，塑化剂只是其中的一种，甚至是比较普通的一种，它的危害来源于雌激素活性。

雌激素是人体分泌的一种激素，不仅会影响生殖发育，对其他器官的生长也有调节作用。无论男女，雌激素水平若出现异常，都会导致身体运行比如脂肪代谢、蛋白质合成、胆固醇组成的变化等的异常。对性激素敏感的癌症比如乳腺癌和前列腺癌，也与雌激素水平的异常变化有关。

人体会自动调节雌激素的分泌，让体内的雌激素处于合理水平。在我们生活的环境中，有一些物质具有雌激素活性。20世纪70年代，美国一家工厂向詹姆斯河倾倒了大量的开蓬。开蓬是杀虫剂灭蚁灵的有效成分，其化学结构与雌激素的相去甚远，但是人们后来发现，该工厂的有些工人体内的精子数显著下降，而这是雌激素影响男性健康的表现。科学家们经过检测，发现开蓬确实具有微弱的雌激素活性。这些开蓬使得詹姆斯河从1975年开始就被禁渔，直到1989年河水中的开蓬含量才下降到可以接受的程度。又过了十几年，科学家们仍然能从河水中检测到开蓬的存在。

开蓬并不是唯一具有雌激素活性的环境污染物。这一类物质被称为“环境雌激素”，虽然它们在分子结构上可能与雌激素的相差较大，却仍然可以影响人体雌激素的水平。科学家们对环境雌激素进行了许多研究，现在已经有了比较深入的认识。雌激素是小分子，进入细胞核之后，和那里的雌激素受体结合，然后附着到DNA上，影响基因的表达。雌激素受体就像一把锁，雌激素是原配的钥匙，却不是唯一的钥匙。还有很多物质能够与雌激素结合，得到的产物也能影响基因的表达。有的物质虽然不能开锁，却可以影响雌激素的分泌，或者影响雌激素进入细胞核，或者影响雌激素受体的合成。从结果来看，它们都导致了体内雌激素的异常，最终影响人体正常的生理活动。这种影响积累到一定程度，就会出现某一方面的症状。

目前发现的环境雌激素很多，塑化剂只是其中的一类，它包括很多具体的物质。比如在台湾地区的起云剂丑闻中，生产厂家使用的是邻苯二甲酸二辛酯（DEHP），而酒鬼酒中超标的是邻苯二甲酸二丁酯（DBP）。比塑化剂更常见的环境雌激素是某些杀虫剂、除草剂、灭菌剂，其中最为人们所熟知的就是滴滴涕。环境雌激素还包括一些工业污染物，比如多氯联苯、二噁英。一些药物，比如避孕药，自不必说含有雌激素。有些洗涤用品的成分也具有雌激素活性，甚至有一些重金属，比如铅、镉等也具有雌激素活性。

这些环境雌激素一般是现代工业带来的污染物，这也使得许多“原生态”追求者对现代工业充满了质疑。实际上，许多天然的植物中也含有环境雌激素，最为人们所熟知的大概是豆类中的异黄酮。全谷物食物以及蔬菜水果中的一些植物化学成分，也具有雌激素活性。这些食物人们已经吃了几千年，只是以前我们不知道它们含有环境雌激素而已。

由此可见，环境雌激素是非常普遍的。虽然塑化剂让许多人恐慌不已，而实际上它并不算是最严重的。如果追求“即使再少，只要含有害物质，都不能接受”，那么只能把人类社会倒退到工业革命之前——即使如此，那些天然的环境雌激素还是会不可避免地出现在我们的餐桌上。

不管是塑料、杀虫剂、避孕药还是某些工业产品，它们毕竟给人类生活带来了很大的好处，我们不可能因为其“对健康可能带来风险”就拒绝它们，现实的做法是：积极地去发现、检测和评估各种污染物对人类健康的影响，弄清楚它们的作用机理与剂量关系，尽可能准确地找出对人体健康不产生影响的剂量，然后制定安全标准。然后，评估人们能够接触到的量。如果安全标准大于接触剂量，那么这种污染物的存在就可以接受。反之，就要想办法减少它们的存在，并且寻求其他更好的产品来取代它们。

就塑化剂而言，基于目前的科学认识，食品添加剂联合专家委员会认为：从合格塑料里溶到食品中的塑化剂是“可以接受的”。这次白酒事件中的塑化剂含量并不算低，不能说它们“完全没有风险”，只是这个风险与饮酒的危害相比，完全可以被忽略。实际上，塑料容器中装的油脂和医疗用品中的塑化剂可能更值得关注。基于目前的评估，我们没有必要草木皆兵，每天生活在恐慌之中，但是污染毕竟是污染，在技术可以实现和经济可以承担的前提下，我们依然应该去追求污染更小的产品。

微塑料攻陷了食物吗

“微塑料”是指自然界中的微小塑料颗粒，一般直径在5毫米以下的塑料颗粒就是微塑料，有的微塑料可能小到几微米甚至更小。

微塑料主要来源于人类丢弃到自然界中的塑料。这些塑料慢慢降解，从大块塑料降解成小块塑料，最后成为微塑料。

当然，这不是微塑料的唯一来源。人类合成塑料的单体，本身就是微塑料，因为种种原因它们可能进入环境中。还有一些生活用品，比如化妆品、护肤品和洗浴用品，生产厂家会加入一些微塑料颗粒以改善其质感，这些微塑料最终也会进入自然界。另外，洗涤化纤纺织品，也会导致一些微塑料颗粒进入废水中。

这些微塑料在自然环境中降解缓慢，随着地球的水循环，最终会聚集到大海中。从目前的科学研究来看，微塑料聚集的速度远远超过它们完全分解的速度，于是大海里的微塑料越来越多。

这些微塑料到了大海里，自然会扰乱大海的秩序。一方面，那些很小的微塑料能被浮游生物吞下，然后进入食物链，一级一级地进入鱼虾的体内。另一方面，那些高等海洋生物并没有一双慧眼，它们会把那些飘飘忽忽像“活物”一样的微塑料当作美味吃下——

想想人们钓鱼的时候也常用塑料假饵，我们就能理解海里的鱼虾们的饥不择食了。2015年的《环境与健康展望》杂志上展示了一条双带鲹的图片，研究者在这条双带鲹的体内找到了十七颗微塑料。

这些微塑料对人类的健康有什么样的影响呢？科学家们给出的答案是：太复杂，不清楚。因为人类生产的塑料多种多样，各不相同，这些塑料成为微塑料以后，一方面可能释放出有毒、有害的物质，另一方面又可能吸附有毒、有害的物质。当这些微塑料进入食物链后，它们所吸附的有毒、有害物质也就会沿着食物链传递。这些物质除了“有毒、有害”之外，还具有“持久”和“生物累积”的特性，它们被称为“PBT物质”（PBT是持久、生物累积和有毒的缩写）。

以前科学家对微塑料非常关注，主要是因为它们对PBT物质的传递可能对海产品的质量和安全产生影响。后来科学家在食盐中发现了微塑料，这就为我们敲响了警钟：微塑料可能会直接随着食物被我们吃进体内！

这些微塑料被我们吃到体内后会怎么样？科学家们给出的答案还是不知道。不难想象，不同大小的微塑料，从毫米级、微米级到纳米级，进入人体后对人体产生的影响有很大的差别。科学家们拿微塑料折腾过贻贝，发现微米级的微塑料进入贻贝的肠道之后，会在贻贝的淋巴系统中被检测到。科学家们把贻贝从含有微塑料的水中转移到清洁的水中之后，贻贝的循环系统中的微塑料含量还会持续上升，12天之后才开始下降——微塑料在贻贝的循环系统中停留的时间可长达48天。

实验还证实，微塑料的颗粒越小，就越容易进入循环系统。人的身体当然比贻贝的高级多了，微塑料能够进入贻贝的循环系统，并不意味着能够进入人体的循环系统——但是，如果是更小的颗粒呢？就像PM2.5对人体呼吸系统的影响要远远大于那些大颗粒一样，如果是更小的微塑料，它们经过消化道是否可能进入血液或者淋巴液呢？目前科学界对此没有相应的研究，但是从理论上来看，微塑料存在对健康的潜在影响，这就使得它成为很值得研究的课题。

让我们可以稍微安心一点儿的是，在前面的实验中，虽然相当数量的微塑料进入贻贝的循环系统，但贻贝没有表现出明显的异常，而人体对异物的防御体系要比贻贝的坚固得多。再考虑到人们对食盐的需求量较小，人们每天从食盐中摄取的微塑料最多不超过几块，产生明显危害的可能性倒也不大，因此我们也不必杯弓蛇影、忧心忡忡。

微塑料的概念直到2004年才被英国的理查德·汤姆森教授提出来。它们在自然界到底以什么样的方式循环、以什么样的途径进入食物链、对人类健康有什么样的影响等问题，用汤姆森教授的话说，“问题多于答案”。2014年，美国环境保护署邀请相关领域的世界级专家开会研讨，最后依然是专家们提出了许多问题，但无法给出答案，更多、更深入的研究，等待着科学家们的探索和政府的投入。

对公众来说，可能更值得关注的是，不仅海盐富含微塑料，来自湖泊、井矿的盐也未能幸免。这似乎告诉我们：人类制造的塑料污染已经遍布地球的每一个角落。人类制造了塑料，使用了塑料，丢弃了塑料，最后塑料又可能通过微塑料回归人体。

虽然我们还不清楚微塑料对人类健康有多大的影响，但它必定是无益的。认识、研究它的方方面面，不仅仅是政府和科学家们的责任。地球是我们每一个人的，我们污染的环境，也正是我们生活的环境。不管微塑料的广泛存在是否直接威胁到人体健康，减少塑料的使用和丢弃，从而减少微塑料的产生，都是必要的，也是我们每一个人都可以做出的贡献。

食物中为什么会有丙烯酰胺

丙烯酰胺是一种化工原料，在关于它的安全性评价中，有“神经毒性”“致癌性”“生殖和发育毒性”等很吓人的字眼。不过，它既不会与食物接触，也不会给食品带来任何好处——这也就意味着不会被“黑心商贩非法添加到食品中”，所以长久以来，丙烯酰胺与食品没有交集。丙烯酰胺能够邂逅食品的地方，大概只有用丙烯酰胺聚合得到的聚丙烯酰胺有时会用于饮用水的净化处理，其中可能有少量的聚丙烯酰胺残留——不过考虑到这个残留量能被控制到很少，而饮用水净化处理时使用的聚丙烯酰胺量也很少，所以饮用水中的丙烯酰胺也就并不引人关注。

“丙烯酰胺恐慌”事件起始于2002年。当时，瑞典科学家从某些食物中检测到了丙烯酰胺，其含量远远高于饮用水中的含量。这个结果让科学界和食品监管部门都大吃一惊。在没有科学论文解释这种含量的丙烯酰胺对于人体健康有什么样的影响，也缺乏有效评估的情况下，媒体获知“食物中发现高含量的丙烯酰胺”这一消息后，自动补充上“有害”的标签将消息广泛传播，结果造成人心惶惶的局面，也就毫不奇怪。在中国，某些人也宣称“有些富含淀粉的食品会产生含量不等的丙烯酰胺，所以是致癌杀手”。

丙烯酰胺是小分子物质，进入消化道之后能被人体吸收进入循环系统，然后被迅速运输到人体的各处组织中。它对于孕妇和哺乳期女性的危害更大，因为它可以通过胎盘进入胎儿体内，也可以进入母乳中。丙烯酰胺在人体体内能够被代谢掉，而代谢产物具有遗传毒性和致癌性。

不过，在动物实验中，能够影响生理指标的最小摄入剂量是每天每千克体重几百微克丙烯酰胺。根据美国和欧盟的多项调查数据，一般人从食物中摄入的丙烯酰胺大致在每天每千克体重1微克的量级。不过，食用丙烯酰胺含量高的食物比较多的人，摄入量也能达到每天每千克体重几微克。在从动物实验数据推算人的安全数据时，通常要除以一个100甚至更高的安全系数，以排除各种不确定因素的影响。也就是说，有一部分人的丙烯酰胺摄入量，已经处于考虑了安全系数之后的“可能有害剂量”范围之内。

流行病学调查并没有发现食品中的丙烯酰胺增加了致癌或者其他的风险，食品添加剂联合专家委员会（JECFA）经过评估，认为没有足够的证据来设定丙烯酰胺的“安全摄入量”。不过基于前面的考虑，JECFA还是做出了“丙烯酰胺可能成为公共卫生问题”的结论，并建议对它进行长期的研究。到今天为止，已经过去了十几年，JECFA依然维持当初的结论和建议。

不过，丙烯酰胺毕竟对人体毫无价值，所以出于谨慎，我们还是应该尽量减少它的摄入。美国和欧盟做了许多相关研究，也发布了食品行业如何对待丙烯酰胺问题的指南。

基于目前的研究结果，食物中的丙烯酰胺主要是天冬酰胺和还原糖在食品加工过程中形成的，形成的条件是含水量低、加热到120℃以上。除此以外，还有一些其他的食物成分能够形成丙烯酰胺。炸薯条、薯片、咖啡、饼干、烤面包等经过油炸或者高温烘焙的高碳水化合物类食品，也就成了产生丙烯酰胺的“重灾区”，这类食物每千克中的丙烯酰胺含量往往达到几百微克，有的最高可达一两千微克，甚至更高。

科学家和食品专家尝试了多种方法，试图降低食品中的丙烯酰胺含量，不过迄今为止没有找到什么好办法。农作物的种类和种植条件、食物原料的储存、食品的配方和加工工艺，都是影响食品中丙烯酰胺含量的因素。

降低原料中的天冬酰胺或者还原糖含量的最有效的办法，自然是釜底抽薪。根据对大量样品的分析结果，每千克小麦中的天冬酰胺含量在75～2200毫克，而燕麦的则是50～1400毫克，玉米的是70～3000毫克，而大米的只有15～25毫克。这种最高含量与最低含量之间几十倍的差异，说明农作物品种是影响丙烯酰胺含量的很重要的因素。这也说明，科学家可以筛选或者改造出低天冬酰胺含量的农作物品种，从而降低食品中的丙烯酰胺含量。2014年，美国批准的一个叫作“Innate”的新土豆品种就是被科学家改造成了“低天冬酰胺”含量的农作物品种。不过，这个品种是通过基因改造技术来降低丙烯酰胺含量的——因为公众对转基因技术的疑虑，所以它的商业化能否成功，还有待市场的检验。

食物原料的保存条件也可能影响丙烯酰胺的产生。比如土豆，如果将之储存在温度过低的环境中，或者储存环境的通风条件不好，就会导致土豆中的还原糖含量增加。如果储存环境的温度过高，则会导致土豆发芽，也会促使土豆中的淀粉转化成还原糖。还原糖的增加，最终就可能导致薯条中丙烯酰胺含量的增加。

通过调整食品配方或者生产工艺，有可能降低食物中丙烯酰胺的含量，比如在烘焙食品时控制配方中的还原糖含量。咖啡在储存过程，其所含的丙烯酰胺会逐渐和咖啡残渣紧密结合，从而降低能够溶出到咖啡饮料中的丙烯酰胺量。此外，如果在烘烤咖啡之前加入天冬酰胺酶，然后将天冬酰胺水解去除，也可以降低咖啡的丙烯酰胺含量。不过，这些工艺和配方的调整，都会影响食品的风味——是否值得采用，就需要在得与失之间取舍权衡了。

简单来说，从人类开始烹饪食物起，丙烯酰胺就存在于食物之中了，只是它在食物中的存在直到2002年才被人类所发现。从目前的科学证据来看，一般人正常食谱中的丙烯酰胺含量不至于带来多大的风险，但是，丙烯酰胺毕竟没有任何价值，基于谨慎我们还是应该尽量避免它。中国卫生健康委员会的建议是：尽可能避免连续长时间或高温烹饪淀粉类食品；提倡合理营养，平衡膳食，改变以油炸食品和高脂肪食品为主的饮食习惯，从而减少因丙烯酰胺导致的危害。

那些关于“痛风患者不能吃的食物”的传言

关于“痛风患者不能吃的食物”有许多传言，比如说痛风患者“不能同吃啤酒与海鲜”“不能吃豆制品”“不能喝火锅汤”“不能喝甜饮料”等。这些传言所说的是真是假？痛风患者的饮食到底有哪些禁忌？痛风患者能吃什么？

痛风是如何产生的

痛风是困扰许多人的一种常见疾病，早期没有什么明显的症状，严重时脚趾、踝关节、膝关节、腕关节、指关节、肘关节等处就会出现发热、红肿、疼痛等症状，更严重时发病关节会出现肿胀、僵硬、变形等症状。

痛风疾病的产生与体内的尿酸水平密切相关。人体自身会产生嘌呤，食物中也含有嘌呤，嘌呤代谢之后会产生尿酸。在正常情况下，尿酸经肾脏过滤后，会以尿液的形式被排出体外。如果体内的嘌呤过多，产生的尿酸也就会很多。尿酸过多，或者人体排出尿酸的通路不畅，尿酸就会在体内蓄积。尿酸蓄积到一定浓度，就会结晶析出，结晶如果发生在关节处，就会导致痛风。通常痛风是从大脚趾开始的，然后逐渐扩展到其他关节。

痛风患者的饮食禁忌：高嘌呤食物

有些食物的嘌呤含量很高。人们不容易改变体内产生的嘌呤，但可以通过避免摄入高嘌呤的食物来减少尿酸的产生。

在常见的食物中，动物内脏是嘌呤含量最高的食物，比如动物的肝脏、肾脏等。此外，野味、鹅、某些鱼类（比如沙丁鱼、青鱼、三文鱼等）、扇贝等也是高嘌呤食物。通常每100克这些食物中所含的嘌呤能达到200毫克以上。

嘌呤含量次之的是各种肉，比如猪肉、牛肉、羊肉、水产等，通常它们的嘌呤含量为每100克食物含有嘌呤100~200毫克。

有的食物如果按干重来计算，其嘌呤含量也很高。比如牛肝菌，100克干的牛肝菌的嘌呤含量可以进入嘌呤含量最高的“第一阵营”，而100克干豆中的嘌呤含量也可以与“第二阵营”的各种肉“比肩”。不过，如果按照“鲜重”或者烹饪之后的食物重量来计算，它们的含量就属于“第三阵营”。比如豆腐，每100克中所含的嘌呤大约为60~70毫克，而煮熟的大豆每100克中所含的嘌呤则不到50毫克。这个量和燕麦片、西兰花、豌豆、菠菜、青椒、香蕉等嘌呤含量比较高的蔬菜水果的嘌呤含量差不多。

痛风的非嘌呤因素

痛风的根源是体内尿酸的蓄积。除了高嘌呤饮食是尿酸蓄积的

“开源”因素之外，还有其他一些因素也会影响尿酸在血液中的蓄积。虽然详细的机理目前还不是非常清楚，甚至这些调查数据也不能完全排除混合因素的影响，不过对于痛风患者来说，也足够用来指导生活方式的调整了。

饮用高糖饮料是蓄积尿酸的另一个重大的风险因素。目前科学家还不清楚饮用高糖饮料导致的尿酸增加，是因为饮用高糖饮料导致肥胖或是胰岛素抵抗指数升高，还是其他因素，但有一点是肯定的，即饮料中作为甜味剂使用的高果糖浆的摄入量与血液中的尿酸含量呈正性相关度。虽然许多调查是针对高果糖浆的，但也没有证据显示蔗糖会比高果糖浆更好，所以一般结论是“糖会导致血液中的尿酸含量增加”。

在梅奥医学中心提供的痛风患者饮食指南里，酒精和饱和脂肪可能会干扰尿酸的排出，也会导致血液中尿酸的增加。

那些关于痛风患者饮食禁忌的传言

有了上面的基础知识，我们就可以来分析那几条“痛风饮食禁忌”传言了。

第一条：“啤酒与海鲜同吃会导致痛风。”酒精与海鲜都是引发痛风的高风险因素，加在一起则是雪上加霜。对于痛风患者来说，吃这些食物可能引发症状；对于非痛风患者来说，吃这些食物会增加患痛风的风险。不过如果考虑到痛风的发病率原本不算高，增加百分之几十的风险之后也还是不算高，那么爱吃这些食物的人，需要在美食和一个不大的健康风险之间进行权衡。

第二条：“痛风患者不能吃豆制品。”虽然干豆中含有比较多的嘌呤，但是将干豆做成食物之后，豆子中所含的嘌呤就被稀释了，所以豆制品中的嘌呤含量与一些蔬菜水果的相当，比肉类的要低。流行病学调查发现，摄入植物蛋白以及嘌呤含量较高的蔬菜水果，并没有增加血液中尿酸的含量。有一些调查结果甚至显示，平时豆制品食用量高的人的血液中尿酸的含量更低。

第三条：“喝火锅汤会导致痛风。”火锅汤中的嘌呤含量高低取决于涮了什么。考虑到一般人吃火锅都少不了涮海鲜、牛羊肉、动物内脏、脑花等高嘌呤食物，火锅汤中的嘌呤含量应该比较高。营养专家不提倡健康人喝火锅汤，痛风患者自然更要敬而远之了。

第四条：“甜饮料引发痛风。”不管是从果糖代谢、增加体重、胰岛素敏感性降低等可能的机理来看，还是从饮食习惯与血液中尿酸含量的流行病学调查来看，含糖饮料难以撇清关系。这一点我们在前面已经分析过了。所以，痛风患者避免饮用含糖饮料是正确的。当然，没有患痛风的人也应该尽力避免大量摄入含糖饮料。

总结一下：在广泛流传的痛风饮食禁忌中，海鲜与啤酒不管是一起吃还是分开吃，都是导致痛风的高风险因素；“痛风患者不能吃豆制品”的禁忌传言则与科学证据相左；含糖饮料会增加血液中尿酸的含量有科学证据支持；通常火锅汤中含有较多的嘌呤，痛风患者确实应该避免。

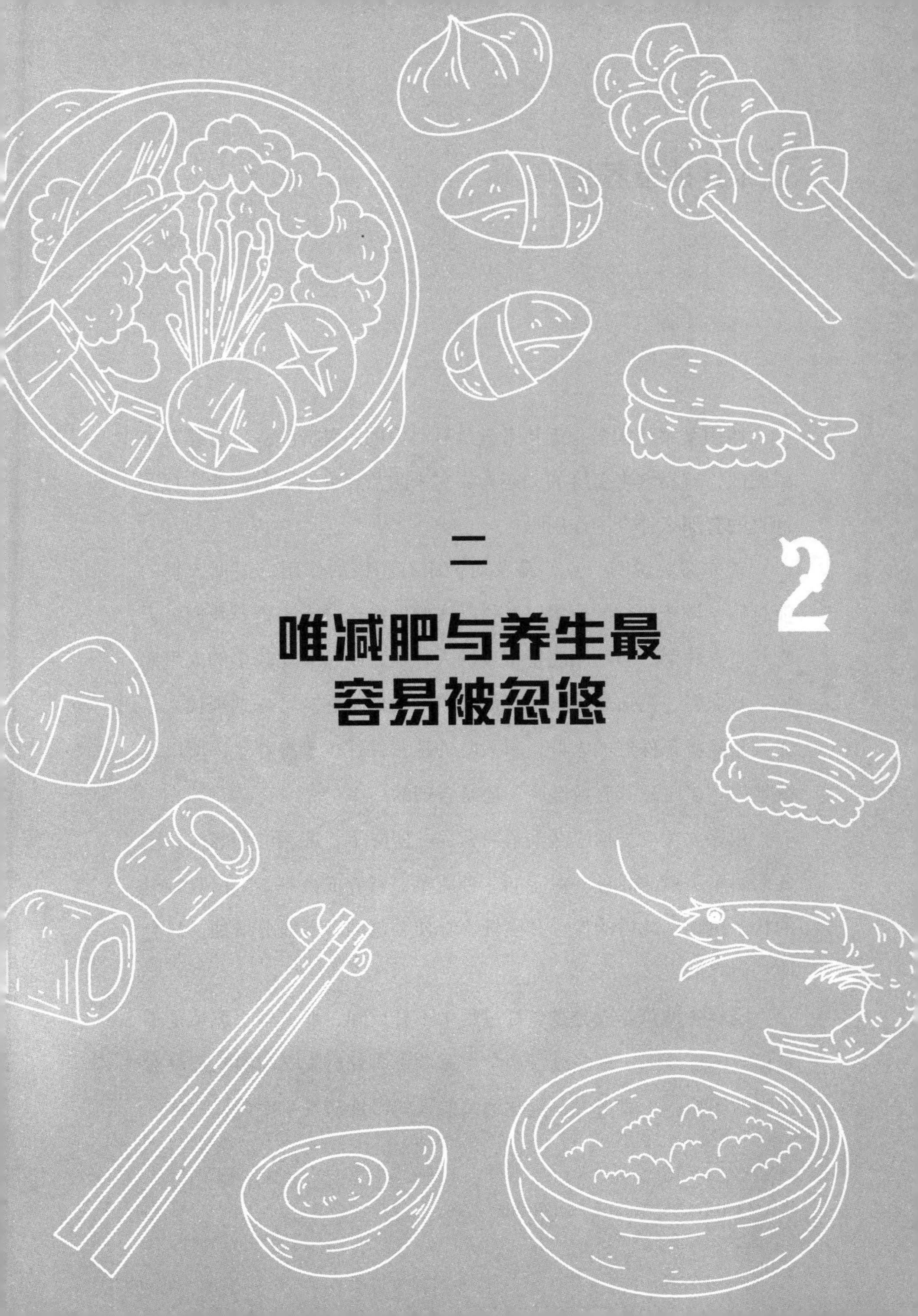

二

唯减肥与养生最容易被忽悠

2

蔬菜汁能够养生吗

饮用蔬菜汁大概是近年来颇具号召力的一种养生法。有靠它来减肥的，有靠它来美容的，还有靠它来防治癌症和心脏病的。蔬菜汁真的有那么神奇的作用吗？

首先需要说明一点，蔬菜对健康有积极的作用。根据大量的流行病学调查研究的分析以及科学实验的结论，专家推荐我们每天吃几百克蔬菜。与蔬菜吃得很少的人相比，吃蔬菜比较多的人患癌症、心血管、高血压等慢性疾病的风险要低一些。考虑到现代人，尤其是经济条件好的人群，每天吃的蔬菜往往少于推荐量，所以笼统地说“多吃蔬菜有益健康”还是合理的。

很多人关心如何吃蔬菜最有营养。实际上，蔬菜的营养成分主要取决于蔬菜的品种。对于同一种蔬菜，营养成分基本上由收割时的状态决定。此后的保存和烹饪不会使关键的营养成分增加，只会使它们降低。

既然各种营养成分在烹饪过程中不升反降，那么生吃蔬菜是不是更好的选择呢？许多流行病学专家调查研究过生吃与熟吃蔬菜对健康的影响。一般来说，生吃蔬菜的人的慢性病发生率要低一些。

这种调查的问题在于适合生吃和适合熟吃的蔬菜品种往往不同，所以“生吃蔬菜是更好的选择”这一结论混杂了蔬菜品种的影响，也就无法将“更好的选择”全部归因于生吃。

无论如何，生吃毕竟“有可能更好”。不过，生吃蔬菜也存在一些问题，因为熟吃蔬菜明显具有一些优势。首先，烹饪也是杀菌的过程。如果不能保障蔬菜的卫生，也没有采取其他的灭菌处理方式，那么烹饪是避免细菌致病的必要方法。其次，烹饪可以去除蔬菜上残留的部分农药。再次，有一些蔬菜中含有天然的毒素或者抗营养成分，经过烹饪可以将那些成分大大减少，最典型的例子是各种豆科蔬菜。最后，有一些营养成分经过烹饪之后更容易被释放出来并被人体所吸收，比如胡萝卜素和番茄红素。

蔬菜榨汁可以当作一种“不加热”的烹饪方式。在这个过程中，水溶性的营养成分大多溶进了汁里，而不溶性的膳食纤维会留在渣中。因为许多矿物质是跟随纤维素的，所以留在渣中的矿物质也不少。在美国农业部的食品成分数据库里，100克胡萝卜汁的纤维含量是0.8克，而100克胡萝卜的纤维含量则是2.8克。考虑到100克胡萝卜榨不出100克胡萝卜汁，我们可以清楚地看出二者的差别。此外，蔬菜的“有益成分”中有一些植物化学成分，其中包括很多抗氧化剂，它们对氧气比较敏感，在榨汁过程中被充分地释放出来，并被氧气所氧化。典型的成分比如维生素C，不同的蔬菜和不同的榨汁方式会导致维生素C不同程度的损失。

有的蔬菜汁是“打”出来的，而不是“榨”出来的，也就是保留了残渣，这样的蔬菜汁更准确地应该被叫作“蔬菜浆”或者“蔬菜泥”。做这样的蔬菜浆（蔬菜泥），相当于把该由牙齿承担的工作提前用打浆机来代劳了。与蔬菜汁相比，蔬菜浆避免了纤维素和矿物质的损失，但氧化问题依然存在。

蔬菜汁可以算是生吃蔬菜的一种方式。与加热烹饪相比，生吃可能可以让蔬菜中的抗氧化成分损失得少一些，但是，生吃蔬菜所面临的四个问题，打蔬菜汁基本上都无法避免。不过蔬菜榨汁或者打浆毕竟不会产生有害物质，只是不能充分利用蔬菜中的营养成分，这一点可以通过多吃来弥补。人们食用食物时，不仅注重从食物中摄取营养成分，也非常在意食物的口味以及制作食物的便捷性。将蔬菜榨汁或者打浆比烹饪更加便捷，而且很多人更喜欢这样的口味。对于不方便烹饪蔬菜，或者本来就不喜欢吃蔬菜的人来说，如果将蔬菜榨成汁或者打成浆能够增加他们吃蔬菜的量，那么将蔬菜榨成汁或者打成浆就很有意义。很多小孩子不喜欢吃蔬菜，如果蔬菜汁更容易让他们接受，就完全值得去做。

需要注意的是，这里说的“蔬菜汁”是现打、没有加入其他成分的纯蔬菜汁。与果汁相比，蔬菜汁或者蔬菜浆的味道都不是那么好。如果为了“好喝”，在蔬菜汁或蔬菜浆里加入糖等调味成分，那么喝下这种蔬菜汗或蔬菜浆就会增加其他成分的摄入，比如糖，而糖对于大多数人来说是应该限制的。市场上还有一些商业化的蔬菜汁，为了口味良好和保存方便，生产厂家都对蔬菜汁进行了加工与调味，甚至往蔬菜汁里添加了防腐剂。喝这样的蔬菜汁，就更不如直接吃新鲜的蔬菜了。

在打蔬菜汁的实际操作中，我们要注意选择合适的蔬菜，比如豆科蔬菜就不适合被榨成汁或者被打成浆。此外，我们还要注意蔬菜的卫生清洁，如果喝了有致病细菌的蔬菜汁而生病就得不偿失了。

简而言之，作为一种吃蔬菜的方式，蔬菜榨汁没有什么问题，打浆比榨汁还要好一些。蔬菜榨汁仅仅是吃蔬菜的方式，与其他吃蔬菜的方式相比，不会对“减肥”“美容”“防治疾病”有多少额外的功效。健康的关键，是多吃蔬菜，吃多样化的蔬菜。

白芸豆提取物减肥的理论与现实

减肥是健康领域最具人气的话题，也是女人一生追求的“事业”。市场上的减肥产品层出不穷，不管有多少虚假宣传被揭穿，下一个减肥产品出现时，还是会有很多人争先恐后地去尝试。

白芸豆提取物便是近年来流行的一种减肥药。

人体体重的变化取决于摄入的热量与消耗的热量之间的平衡。要减肥，就需要做到摄入的热量少于消耗的热量。

人体摄入的热量主要来自食物。除非特别控制，人们通常是以吃饱作为饮食标准，但是，吃进去的食物都含有热量——通过减少进食量来降低热量的摄入，就要面临忍饥挨饿的考验，操作起来实在是很难受，所以不减少进食量而减少热量的摄入，这种减肥方法也就别具吸引力。这种减肥方法有两种途径：一是吃饱腹感强但热量低的食物，比如富含膳食纤维的粗粮和蔬菜；二是吃抑制消化吸收的物质，从而使得食物只是满足口腹之欲，却不会被吸收产生热量，比如一些抑制脂肪吸收的减肥药。不过减肥药大多有副作用，不提倡服用。

白芸豆中有一种“芸豆蛋白”（也被称为“菜豆素”），能抑制α-淀粉酶的活性。淀粉酶消化淀粉，最终把淀粉转化成糖，从而被身体吸收并产生热量。抑制了淀粉酶的活性，淀粉也就不能被消化，也就无法被身体吸收并产生热量。因此，像芸豆蛋白这种能够抑制淀粉酶活性的物质又被称为“淀粉阻断剂”。

白芸豆中含有的淀粉阻断剂在正常的烹饪过程中会因加热而失去活性，于是有人把它提取出来作为“减肥保健品”，这看起来很合理。不过，如果理论上的可行性没有事实的支持，理论也就只是一种美好的愿望而已。白芸豆中的淀粉阻断剂只是具有抑制α-淀粉酶活性的功效，而它的抑制效率如何，在胃肠中又能发挥多少，都不好说。

那么，这种理论上的可行性得到事实的支持了吗？我们来看看过去的几十年中，零零星星的几项相关研究都发现了什么。

1982年，《新英格兰医学杂志》刊发了一项研究，比较吃与不吃淀粉阻断剂两种情况下，吃下100克高淀粉食物之后大便中的热量情况。如果淀粉阻断剂成功地抑制了淀粉的消化吸收，那么大便中的热量就会更高。然而，令人失望的是，结果显示吃与不吃淀粉阻断剂，大便中的热量没有明显差别。

保健品生产厂家当然不会因为这一项实验就放弃这一“前景广阔”的产品，学术界也不会仅仅依据这一项研究就做出否定的论断。此后，美国一家生产白芸豆提取物的公司资助一些研究者去进行人体实验，以验证白芸豆提取物的减肥功效。

2004年，研究者发表了一项为期8周、有25人参与的实验，结果是两组的平均体重都有少许下降，但两组的数据没有明显差异。

2007年，研究者又发表了一项为期4周、有27人参与的实验。在这次实验中，除了吃白芸豆提取物或者安慰剂之外，实验志愿者还同时进行饮食控制和锻炼。结果和上次一样，也是两组实验志愿者的平均体重都有下降，但没有显著性差异。研究者又按照实验者的BMI指标、总碳水化合物摄入量和净碳水化合物（即总的碳水化合物减去膳食纤维）摄入量把实验者分开统计，期望找到白芸豆提取物对某个特定的人群会起到“帮助减肥”的作用的证据。经过一番数据分析的游戏，研究者终于得出了一个想要的结论：在高碳水化合物组中，吃白芸豆提取物的人平均体重下降得更多。不过需要注意的是：在高碳水化合物组中，吃白芸豆提取物的只有5人，吃安慰剂的只有3人——这么小的样本量，要得出结论实在是很勉强。

2009年，研究者又把目光转向了白芸豆提取物对血糖指数的影响。实验共有10名志愿者参加，研究者让他们在不同的实验时间分别服用1500毫克、2000毫克和3000毫克的白芸豆提取物胶囊或者白芸豆提取物粉末。结果研究者发现，如果是服用胶囊的话，服用三种剂量对血糖都没有影响。如果是服用粉末的话，服用1500毫克和2000毫克的粉末对血糖没有影响，只有服用3000毫克的粉末，对血糖的影响才能勉强达到统计学差异。从科学证据的角度来看，这样的结果也可以理解为“没什么说服力”。

2010年，浙江大学与美国密歇根州立大学、佐治亚大学合作了一项随机双盲对照研究。实验组51人服用白芸豆提取物，对照组50

人服用安慰剂，60天之后，实验组平均体重下降了1.9千克，而对照组则下降了0.4千克。

这就是过去几十年研究者对白芸豆提取物的减肥效果的主要研究。虽然浙江大学的研究结果具有统计学差异，但减肥效果并不明显。保健品生产厂家信誓旦旦地说“科学研究表明白芸豆提取物能够减肥”，不过是歪曲科学研究的忽悠。综合以上所有的研究，科学的表述是“目前的研究不能证明白芸豆提取物能够减肥”。如果再考虑到二三十年科学研究的“屡败屡战”也只是得到了否定的结论，那么，对于消费者来说，明智的判断是“用白芸豆提取物来减肥，完全不靠谱”。

黑蒜的神奇功效靠谱吗

大蒜是一种比较特殊的蔬菜，它气味刺鼻，口感独特，围绕它产生过各种各样的功效传说。我们能在科学文献中找到不少关于大蒜功效的研究，从成分分析、动物实验，到流行病学调查甚至干预性对照实验，关于形形色色的大蒜功效传说，这些研究结果表明“证据不够充分，但也没有否定”。

近年来，在令人眼花缭乱的大蒜制品中，一种叫作“黑蒜”的食物横空出世。黑蒜的生产厂家宣称黑蒜具有“降血脂、降血压、降血糖、软化血管、改善睡眠、改善便秘的功效，有助于消除肠道里的寄生虫”。黑蒜是什么？真的有这么强大的功效吗？

黑蒜是什么

黑蒜不是一个新的大蒜品种，而是普通大蒜经过特殊加工后形成的食物。黑蒜的历史很短，从韩国人发明至今，不过十来年。大蒜的保健功能传说本来就对许多人具有吸引力，加上生产厂家对蒜的风味和口感有所改善，且他们宣称增加了活性成分，这些因素促使黑蒜在市场上取得了相当大的成功。韩国人甚至在美国开了一家公司专门销售黑蒜制品，产品颇受美国人喜欢。

黑蒜的制作方法并不复杂，但过程较长。简单来说，就是在高温、高湿的条件下将鲜大蒜加热一个月以上，加热时间甚至长达两三个月。包括一些科学文献在内，许多资料在介绍黑蒜时都把这个过程称为发酵。也有人认为这是一种误称，因为制作黑蒜的温度是60℃左右，甚至更高，在这种温度下，各种微生物都难以生长，所以他们认为这个过程没有微生物的参与，主要是长时间加热导致的非酶褐变或氧化。这样的过程，有点类似于红茶的渥红。

经过几十天的持续加热，鲜大蒜变成了黑蒜。大蒜的口感变得绵软而酸甜，其特有的刺激性气味也消失了。对许多人来说，黑蒜的风味口感更有吸引力。

黑蒜里增加了什么

黑蒜的走红不仅是因为其独特的风味口感，更多的是因为人们将它作为功能食品来食用。大蒜中有许多抗氧化成分，比如蒜氨酸以及各种多酚类化合物。这些成分在化学检测以及细胞实验中展示了良好的抗氧化性，有些成分在动物实验中也体现了各种保健功能。于是，这些成分被保健品生产厂家制成了各种膳食补充剂，投入市场进行销售。

研究者通过实验发现，鲜大蒜变成黑蒜之后，上面提到的抗氧化成分在蒜中的含量或者活性大大增加了。不同的研究所选取的检测指标不尽相同，增加幅度各有差异，不过一般都显示了大幅增加。比如，有的科学文献表明蒜氨酸的含量增加了5～6倍，另一些科学文献则表明，研究者检测“超氧化物歧化酶的活性”“过氧化氢酶的活性”以及多酚含量，结果是分别增加了13倍、10倍和7倍。

把鲜大蒜变成黑蒜，为什么会促使这些成分如此明显地增加呢？科学文献推测出现这些情况的机理主要有三种：一是在鲜大蒜中这些成分有一部分与其他物质紧密结合，制作黑蒜时长时间的加热将它们释放了出来；二是鲜大蒜中存在着一些能够降低或者抑制这些成分活性的酶，在制作黑蒜的过程中，这些酶失去了活性，所以这些成分的活性就增加了；三是在褐变过程中，简单的多酚形成了多酚复合物，后者的抗氧化性要强得多——在红茶中，儿茶素形成茶黄素导致抗氧化性大大增加，就是一个类似的例子。

黑蒜的那些功效靠谱吗

既然鲜大蒜变成黑蒜之后，那些功效成分确实是大幅增加了，那么黑蒜的那些所谓的功效靠谱吗？

从食品监管的角度来说，因为有一些研究结果支持那些成分的功效，而黑蒜中确实存在许多那些成分，那么把黑蒜作为功能食品也有一定的依据。

不过，“存在功效成分”与“在人体中体现功效”之间，还有相当长的距离。黑蒜被发明出来不过十来年，目前科学家对它进行的研究也主要是检测其成分变化。虽然有少量的动物实验支持那些功效，但是也不能算作证据充分。

2014年，台湾的科学家在《功能性食品》杂志上发表的一篇论文叙述了一项相当完善的动物实验。科学家把大鼠分为正常饮食组、高脂饮食组、高脂饮食加不同剂量的黑蒜提取物组，用不同的食物喂大鼠，然后检测大鼠的平均体重以及其多项生理指标的变化。科学家通过比较分析发现，与高脂饮食组相比，吃高脂食物的同时补充黑蒜提取物的大鼠，其最终平均体重、肝脏和脂肪组织的相对重量、血清中的甘油三酯、肝的氧化应激水平都明显要低，许多指标接近正常饮食组大鼠的指标。科学家进一步分析发现，与单纯吃高脂食物的大鼠相比，吃高脂食物的同时补充黑蒜提取物的大鼠，其粪便中的脂肪含量更高。这相当于黑蒜提取物减少了对饮食中的脂肪的吸收，或许这也可以解释补充了黑蒜提取物的老鼠，其平均体重和生理指标为何接近于正常饮食组的。

该篇论文的作者认为，肥胖可能源于过多的能量摄入，也可能源于能量代谢失衡，导致能量转换成了甘油三酯并被储存在脂肪细胞中。因此，调节脂肪的生成与分解以及脂肪酸的氧化，是控制身体脂肪蓄积的途径之一。台湾科学家还对与这些生化过程相关的许多酶进行了检测，发现多种酶的表达量发生了变化。基于这些变化，他们还提出了一个黑蒜提取物发生功效的机理模型。

从科学研究的角度来说，上述台湾科学家所进行的研究是一项很好的研究，不过，它毕竟只是一项动物实验，在人体中的情况如何，还有待于科学家们进一步研究。

至于黑蒜的“抗癌”作用，目前也只有一些非常初步的实验室研究，而未得到真正的证实。

从目前来看，黑蒜不失为一种风味独特的食品，适当吃一些确实没有什么坏处，但如果指望通过食用它来防病治病，那还是醒醒吧。

补硒可以防癌吗

人们对硒的关注大概起源于“克山病”——20世纪30年代人们在黑龙江省克山县发现的一种心脏异常疾病。因为该地区缺硒，自20世纪70年代开始，政府向当地民众推广服用亚硒酸钠来补充硒，从而有效地预防了克山病。到了20世纪80年代，克山县基本上消除了这种疾病。研究者认为，这种疾病与硒的缺乏密切相关——在缺硒的情况下，病毒感染等因素就会导致这种疾病的发生。

不过近年来，补硒的流行则是与抗癌有关。众多“富硒食品”“硒补充剂”充斥市场，吃了它们真的可以防癌吗?

硒是人体必需的微量元素

生命活动以蛋白质为基础。在人体内，至少有二十多种蛋白质含有硒。蛋白质是由各种氨基酸组成的，有一些氨基酸含有硫原子，而硒与硫是同族元素，可以取代硫在氨基酸中的位置，从而形成“硒代氨基酸”，比如硒代蛋氨酸和硒代半胱氨酸，成为硒蛋白。许多生理活动，比如甲状腺激素的代谢、DNA的合成、保护细胞膜免受氧化损伤、防止感染等，都需要硒蛋白的参与。在许多硒蛋白中，硒的存在直接影响着它们的生理活性。比如抗氧化体系中极为重要的谷胱甘肽过氧化物酶，其活性关键就是硒代半胱氨酸。曾经有科学家通过基因突变把硒代半胱氨酸变成了普通的半胱氨酸，结果谷胱甘肽过氧化物酶的活性就急剧下降了。

除了“克山病”，硒缺乏还可能导致其他症状。有一些证据显示，硒缺乏可能会导致男性不育。在我国西藏的某些地区以及俄罗斯的西伯利亚，人们会患上一种骨关节疾病，科学家推测可能与这些地区缺硒有关。此外，缺硒会加剧碘缺乏症状，因而可能会增加婴儿罹患克汀病的风险。

人体需要多少硒

人可以从食物中获得硒。人体可以吸收以有机形式存在的硒，也可以吸收以无机形式存在的硒。前者主要是含有硒代蛋氨酸和硒代半胱氨酸的蛋白质，后者通常是硒酸盐和亚硒酸盐。一般来说，有机硒的吸收率高于无机硒的吸收率。不过，无机硒的吸收率也不算低了。

在食物中，海鲜和动物内脏是硒最丰富的食物来源，肌肉肉类、谷物和奶制品也能提供一些硒。植物中的硒的含量主要取决于土壤中硒的含量、土壤的酸碱度和硒的存在形式等因素。因此，硒的含量不是植物的固有性质，植物中硒的含量取决于种植地区土壤中硒的含量。对动物来说，硒来自吃下的食物，所以硒在动物食物中的含量也各不相同。不过，动物体内对硒的储存有一定的调节能力，所以动物食物中硒的含量受地域影响不像植物受地域影响那么大。

不论男女，成年人每天摄入55微克硒就可以满足身体所需。孕妇和产妇需要的硒稍微多一些，《中国居民膳食营养素参考摄入量（2013版）》推荐的分别是每人每天50微克和65微克。

补充硒可以防癌吗

富硒产品和硒补充剂的卖点并非“满足人体需求”，而是“多吃防癌”。因为硒与DNA修复、细胞凋亡、内分泌水平、免疫系统维护以及抗氧化等与癌细胞产生发展有关的生理活动相关，所以推测“补硒防癌”也算合理。

一些流行病学调查的确显示硒的摄入量与一些癌症比如结肠直肠癌、前列腺癌、肺癌、膀胱癌等的发生率呈负相关。尽管荟萃分析的结果显示了这样的趋势，但由于调查方式的局限以及数据的质量，这些调查还远远不能作为可靠依据。

不同的研究机构进行过一些随机对照实验，但结果并不一致。美国科学家曾经进行过一项1312个美国成年人参加、为期6年的随机双盲对照研究，被试者每天服用200微克硒，结果是男性被试者的前列腺癌发生率降低了52%～65%。科学家在美国、加拿大和波多黎各进行的另一项有35533位50岁以上的男性参加的随机对照实验，也是被试者每天补充200微克硒，在5年半之后科学家没有发现这一实验行为能降低被试者患前列腺癌的风险。组织该实验的科学家于是提前终止了研究，此后一年半中科学家继续收集实验者的数据，结果依然显示补硒对于降低患前列腺癌的风险没有帮助。

2003年，美国FDA批准了一项有限健康声明（QHC），允许富硒产品或者硒补充剂做这样的宣传："一些科学证据表明，摄入硒可以减少患某些癌症的风险。然而，FDA已经确定这些证据有限，不能做出结论。"

那些富硒产品的作用

如果身体摄入的硒达到了推荐的"充足摄入量"之后，额外补充硒是不是有健康价值呢？除了前面说的防癌作用没有结论之外，科学界研究过硒的其他"健康功效"，结果都是"效果不明，无法做出结论"。还有研究发现，即使每天补充600微克硒，也只是使血液中的硒含量升高了，但细胞中那些含有硒的蛋白质的生理活性并没有得到相应的提高。也就是说，那些额外的硒虽然能进入血液，但可能并不会进入到细胞中发挥作用。

中国多数地区的土壤中含硒量都不高，因而多数地区人群的硒摄入量都不算高。美国制定的硒的"安全摄入量"是成人每天400微克，而中国营养学会建议的上限是成人每天200微克，中国绝大多数地区的人每天摄入的硒的量距离这个量都很远。也就是说，如果希望达到 "万一有用"的效果，吃富硒产品或者服用硒补充剂也不大可能对人体有害。

酵母硒是通过培养酵母，使得硒以硒蛋白的形式存在。从吸收率的角度来说，它会比亚硒酸钠等无机硒的吸收率要高一些。人体吸收的硒毕竟是总量，无机硒的吸收率低，但是价格便宜，只要摄入的量大一些，也可以弥补吸收率低的不足。

“富硒茶”是指某些地区出产的硒含量明显高于其他地区的茶。一般茶叶的硒含量平均为每千克茶叶150微克硒，而富硒茶的国家标准要求茶叶中的硒含量为每千克250～4000微克。市场上的富硒茶，其硒含量大致在每千克1000微克左右。这样的茶的确符合“富硒”的标准，不过要指望通过它们来“补硒”并不现实。一般人每天饮用10克左右的茶叶，其中大约含有10微克的硒。这些硒大约只有10%能够泡到茶水中，也就是1微克左右。换句话说，除非把茶叶一起吃掉，否则喝富硒茶，每天得到的硒只占到人体需求量的2%左右——只能说是聊胜于无而已。

另一种常见的富硒食品是“富硒米”。普通大米的硒含量大约为每千克35微克，而国家的富硒米标准是每千克70～300微克。如果每天吃300克大米，那么普通米可以提供大约10微克硒，而富硒米则可以提供20～90微克。也就是说，通过富硒米来补充硒是有效的，但需要注意的是，其他食物中也含有硒，我们完全可以通过食用其他食物来使身体获得足够量的硒。如果需要补充硒，是否值得吃富硒米，就取决于富硒米的价格与其他补硒方式之间的成本比较了。

素食，要时尚也要营养均衡

由于各种各样的原因，素食在世界上许多地方都有悠久的历史。随着人们对健康和生态环境等方面的关注，素食主义目前甚至成了一种时尚。关于素食也众说纷纭——素食者说素食可以健康长寿，肉食者说素食会导致营养不良。抛开信仰和道德等因素，仅仅从食品营养的角度来看，素食到底好不好？素食者又需要注意些什么呢？

关于素食的科学观点

从人们的直观感觉来说，似乎“素食者更加健康长寿”。为了查证这种说法是否正确，英、美等国的科学家进行了几项大规模、长时间的跟踪调查，结果发现，与社会平均水平相比，素食者的平均预期寿命确实更高一些——这个结果当然让素食者感到很高兴。不过，通常素食者还实行着其他的生活方式，比如，素食者中抽烟、喝酒的人很少，他们一般比较节制饮食，甚至生活方式的其他方面——比如锻炼、心态等也“更为健康”。从科学的角度来说，有非常充分的证据表明这些因素有助于健康长寿。为了探究素食对健康长寿到底有什么样的影响，科学家们使用统计工具，剔除了其他生活方式的影响，发现素食这个因素其实对于健康长寿没有明显的影响。也就是说，素食者健康长寿的原因，主要是他们的生活方式的其他方面，而不是素食本身。

动物性食物，比如肉、蛋、奶等含有大量人体需要的营养成分。不过，对于现代人来说，他们吃了太多这样的食物了。这些食物中所含有的不利成分，比如脂肪、胆固醇等，也就造成了不利影响。所以，现代的膳食指南主张人们增加饮食中的素食比重，其核心就是人体需要全面均衡的营养，有的营养成分在植物性食物中含量更多，有的在动物性食物中含量更多。不管营养成分是来自动物还是来自植物，只要能满足人体需求而不产生危害，就是合理有效的。

素食主义者提倡素食的另一种理由是，素食有利于人类的可持续发展。人类所有的食物都需要在一定的土地上消耗水并且转化太阳能而得到。产生同样数量的食物，植物性食物所需要的土地面积和水都要远远低于动物性食物所需要的。从这个角度来说，素食对于人类的可持续发展确实更有利一些。

素食者容易缺乏的营养成分

从理论上说，人们可以从素食中获得绝大部分营养成分。一方面，在人体所需的营养成分中，有一些在动物性食物中含量丰富，在植物性食物中则不常见。另一方面，多数植物性食物所提供的营养成分比较单一。所以，要实现营养的全面均衡，素食者需要特别注意食物的多样性和营养搭配。

蛋白质是一种极其重要的营养成分，对于处于生长发育中的未成年人来说尤为重要。人摄取蛋白质，是为了满足身体对氨基酸的需要。一般来说，肉、蛋、奶中的蛋白质在氨基酸组成上与人体的需求更为接近，而且容易消化，所以被称为“优质蛋白”。常见的植物性食物，只有大豆中的蛋白质是优质蛋白，其他的植物蛋白单独满足人体氨基酸需求的能力都很低。从蛋白质营养的角度来说，素食者可以把大豆制品当作“肉”来吃。

素食者容易缺乏的另一种营养成分是钙。在通常的饮食中，摄取钙最方便的途径是食用奶制品。如果是不排斥奶制品的“非严格素食者”，就不存在缺钙的问题。如果是不吃蛋和奶的完全素食者，就只能把豆类食物和深绿色蔬菜作为摄取钙的来源。

通常铁和锌也是肉类食物富含的营养成分。对于不排斥蛋、奶的素食者来说，满足身体所需的铁和锌不是难事。在植物性食物中，各种豆类可以作为铁和锌的来源，全谷食物中含有比较多的锌，而深绿色蔬菜和葡萄干等水果干里也含有比较多的铁。

维生素B_{12}是完全素食者难以通过天然素食获得的营养成分，它几乎只存在于动物性食物中，而且，因为与叶酸的相似性，它的缺乏并不容易被检测到。等到维生素B_{12}缺乏症状出现的时候，就为时已晚了。许多推广素食的宣传资料上列有许多“富含维生素B_{12}”的植物性食物，但是，并没有可靠的科学证据证实这些植物性食物能够有效提供维生素B_{12}。

给素食者的膳食建议

从上面的分析中我们不难看出，素食者要实现营养的全面均衡，单靠食用素食确实可以做到，但是需要花费不少心思。对于孩子来说，为了健康发育，还是应该动物性食物与植物性食物并重为好。即使是成人，如果一定要践行素食主义，最好也做喝奶吃蛋的“vegetarian”，而不要做彻底素食的“vegan”。

如果食物中包含了蛋和奶制品，而且摄入量充足的话，那么人体所需的所有营养成分都有良好的来源。对于完全的素食者来说，他们需要精心安排食谱。在美国通行的“素食者膳食宝塔”中，素食者每餐都应该吃的食物包括蔬菜水果、全谷食品和豆类，这里的豆类包括大豆、豌豆、蚕豆等各种豆子；素食者每天应该吃的食物，则包括了坚果、蛋白以及大豆或者奶制品、植物油。

美国膳食营养协会推荐的“素食指南”则更加具体。它把食物分成五类，分别是：油、水果、蔬菜、豆类坚果和其他富含蛋白质的食物及全谷食物。合理的营养搭配是每天都要从每一组中摄取适当的量。各组的“适量”分别是：2份、2份、4份、5份、6份。这里的“份”是美国农业部的定义，不同的食物份量不一样。比如说，“1份油”是15毫升，“1份水果”大致是一个中等大小的苹果或者15粒葡萄或者半根香蕉，“1份全谷食物”则是一杯（240毫升），一般蔬菜“1份”是半杯，但是绿叶蔬菜如菠菜或者生菜是1杯。

当然，这其实也只是一个大致的指导，我们不必纠缠于到底是一杯还是半杯。总的原则就是：获得足够的蛋白质，获得足够的容易缺乏的微量成分。如果愿意接受现代加工食品，那么有很多现成的食品是补充了这些成分的，摄入这些营养成分也就很方便了。最麻烦的维生素B_{12}，如果素食者拒绝蛋和奶，也拒绝蛋奶加工食品的话，基本上就只能靠吃维生素片来补充了。

柠檬水真的能抗癌吗

人们都喜欢简单易行的养生法，所以形形色色的“养生小百科”“生活小智慧”此起彼伏地流行。如果那些所谓的“小百科”或“小智慧”再有一点“科学研究表明”，或者能够摆出一堆科学名词与科学理论，它们就可以登上“大雅之堂”，被各种电视和报纸杂志所追捧。

“柠檬水能抗癌”这一说法就是这种情况。柠檬是一种比较独特的水果，又酸又涩，一般不会有人直接吃，通常都是用来泡水，或者挤出汁来做调料。有人针对“柠檬水能抗癌”这一“养生智慧”又总结了如何泡柠檬、如何喝柠檬水的一些“注意事项”，显得煞有介事。再加上“国外某某研究机构发现柠檬中的某某成分比化疗药物的效果好10000倍”“各大医药公司对这些秘密讳莫如深”等煽动性极强的宣传用语，“柠檬水能抗癌”这一“生活小智慧”自然广为流传。

“各大医药公司对这些秘密讳莫如深”显然是阴谋论的臆测。实际上，从天然植物中寻找抗癌药物往往都是从学术界开始的，柠檬只是科学家感兴趣的植物之一。其他大量的蔬菜、水果以及传统草药都曾经或者正在被研究，许多“可能有希望”的结果也已经被科学家们以论文的形式大量发表出来。与它们相比，柠檬没有什么特别吸引人的地方，医药公司无法联合起来，隐瞒他们对某种植物的研究结果。

科学家对“柠檬抗癌”的研究的确有一些，大致有三类。

第一类研究是说柠檬含有的某种成分具有“抗癌作用”。任何一种植物中都含有很多种化学成分，不同的植物所富含的化学成分各不相同。就柠檬而言，柠檬酸和维生素C的含量极高是它的特质。此外，柠檬中还含有柠檬苦素、类胡萝卜素、叶酸、维生素B_6、黄酮类化合物以及钾等矿物质。其中一些成分被认为可能有抗癌作用，于是科学家们用它们或者柠檬提取物去处理各种癌细胞，发现有一些成分的确能够抑制某种癌细胞的生长。

需要注意的是，细胞实验只是说明“有可能”，细胞实验在科学研究中只能作为筛选手段。也就是说，对于在细胞实验中显示“可能有效”的成分，人们可以继续研究它们，无效的就打住了。

比细胞实验更可靠一些的是动物实验。研究抗癌物质的动物实验，通常是用一些人工的手段让动物产生肿瘤，然后喂以提取物，一段时间之后，与不喂提取物的对照组相比，看看肿瘤的增大速度是不是慢了一些。很多在细胞实验中有效的成分，到动物实验阶段并不能显示出作用，结果被淘汰出局。

即使有些成分在动物实验中被证明有效，也不能算靠谱的证据。首先，动物与人是有差别的，在动物实验中有效但在人体中显示不出效果，是很常见的现象。其次，动物实验中可以使用很高的剂量，在人体中还需要考虑：相应的剂量是否现实？现实能做到的剂量是否有效？有效的剂量是否具有副作用？只有人体实验令人满意地回答了这些问题，柠檬水才能作为一种“疗法”或者“养生法”向公众推荐。

对“柠檬抗癌”的第二类研究，是细胞实验和动物实验。“柠檬抗癌”这一说法虽然没有被“否定”，但是距离“有效”还有漫长的路要走。在这条路上处于同一前进阵营的，还有许多其他的蔬菜、水果或者非常规食用的植物，它们中有很多甚至比柠檬表现得更好。

第三类研究是一些流行病学调查。比如说找到一批癌症患者，再找到一批与他们的生活条件类似但没有得癌症的人，调查二者的饮食以及其他生活习惯。或者跟踪一大批人的生活习惯，几年之后统计癌症的发病情况。有科学家在学术期刊上发表了一些这样的调查研究，研究表明那些食用柠檬等柑橘类水果比较多的人，他们的某些种类癌症的发生率要低一些——这种研究经常被媒体渲染为“柠檬防癌”。这种结果很容易受到其他因素的影响，比如说吃柑橘类水果多的人可能吃其他水果蔬菜也比较多——“癌症的发生率低一些”完全有可能是受其他生活习惯的影响，而不一定是柠檬的作用。

总的来说，的确有一些科学实验显示柠檬中的某些成分“可能具有防癌作用”，但是，这些研究远远不足以支持“柠檬抗癌”这一结论。美国癌症研究协会支持对各种食物成分的抗癌功效进行研究，也对此类研究进行了总结，结果显示至少有十几种食物具有比柠檬更好的防癌效果。不过，他们依然明确指出："没有任何一种食物或者食物成分能够保护你不得癌症，但强有力的证据显示，多吃各种植物性食物，如蔬菜、水果、全谷粗粮和豆类，有助于降低患多种癌症的风险。"

就像茶一样，柠檬水的热量很低，有独特的风味。如果你喜欢，经常喝也没什么不好——它总比各种含糖饮料、碳酸饮料要健康。至于"柠檬水能抗癌"，这一说法只适合当作茶余饭后的谈资——"有效"固然好，"无效"也没什么大不了的。

“全食物养生法”有多大用

台湾地区的一位知名媒体人宣传“全食物养生法”很多年，她宣称这种养生法可以治疗癌症，后来某位患上癌症的名人高调认可了这一养生法，一时间这种养生法引起了人们的广泛关注。那么，这种所谓的抗癌养生法有没有科学依据呢？

全食物养生法的依据是“抗血管新生疗法”。癌细胞是正常细胞复制过程出错而产生的，60～80个癌细胞聚在一起，就形成了早期肿瘤。为了获取营养，早期肿瘤会迁移到血管附近，长到1000万个细胞（大约0.5立方毫米）。40～50岁的女性患早期乳腺肿瘤的概率可达40%，50～60岁的男性患早期前列腺肿瘤的概率则可达50%。到了70岁，几乎每个人的甲状腺中都会存在早期肿瘤，好在从附近血管扩散来的营养物不足以支持这些早期肿瘤进一步生长，癌细胞的增生和死亡处于平衡状态，这种状态可能持续几年而不被发现，多数人的这些早期肿瘤也不会进一步生长。

不过，在血管新生因素的刺激下，肿瘤中可以长出新的血管。一旦血管形成，肿瘤细胞就可以获得充足的养料，从而快速生长。相反，如果有办法抑制这种新生血管的形成，肿瘤就无法长大，这也就是所谓的“饿死癌细胞”。

抗血管新生疗法直到1971年才被提出，然后迅速得到了很大发展。20世纪80年代，科学家们开始对这种疗法进行临床研究，1989年有了一个成功的例子。迄今为止，有超过300种天然或合成的物质被发现可能具有抗血管新生的作用，正在进行临床研究的超过120项。美国血管新生基金会总裁李威廉是抗血管新生疗法研究领域的旗手，他在2012年发表了一篇综述来介绍这一研究领域的情况，尤其是用食物来抑制肿瘤中的血管新生的情况。

也就是说，台湾地区那位知名媒体人所依据的“抗癌理论”是有科学依据的，但是，她的全食物养生法能够抑制肿瘤中的血管新生吗?

关于全食物养生法，那位知名媒体人的具体做法是，“把蔬菜、水果、坚果，或五谷、豆类、菌菇类，以适当的比例混合，加上好水，打成全食物精力汤”。她认为，“这就是免疫大军最好的养料”“等于每天用一杯混合了上千种植化素、各种维生素、矿物质、充足酵素、好的不饱和脂肪、蛋白质、复合式碳水化合物等营养物质的超级饮品，为自己的身体进行鸡尾酒式的化疗”。

在那位知名媒体人看来，“植化素”和食物中的各种成分的“协同作用”是她这个“全食物精力汤”具有“神效”的根源。植化素的正式名称是“植物化学成分”，也经常被简称为“植物生化素”或者“植生素”等。它是指植物中的各种化合物，通常特指那些能对人体健康产生影响的物质。从化学角度来说，各种维生素也是植化素，不过它们已经被视为一类微量营养成分。通常所说的植化素，更多的是指茶多酚、异黄酮、花青素、叶黄素等物质。

植物中的确有成千上万种不同的植化素。不过，这些化合物是植物为了保护自己而产生的，并非为了人类健康而设计的，对人类自然也就没有义务只好不坏。实际上，在这成千上万种植化素中，人们只对很少的一部分进行过深入研究。至于绝大多数的植化素，它们对于人类的健康是好是坏，人类吃下多少量会有好处，吃下多少量会有危害，都是不确定的。比较深入的那些研究，也主要是流行病学调查、细胞实验或者动物实验，几乎没有临床实验证实它们对于抗癌确实有用。

至于“协同作用”，基本上是一种信念，并没有可靠的科学证据来支持。现在科学界的共识是：以植物性食物为主的多样化饮食，能够降低患癌症、糖尿病、高血压以及心血管疾病等慢性疾病的风险。一般认为，通过正常饮食摄入的植化素以及各种其他成分，到不了危害健康的剂量，而受益明显超过可能的风险。合理食谱以及健康的生活方式，能够把患癌症的风险降低百分之几十。

那位知名媒体人提倡的全食物养生法，强调多食用植物性的健康食物，减少动物性食物尤其是饱和脂肪和红肉的摄入，这与主流的科学推荐是一致的。不过，营养学中所说的多样化，并不要求把多种食物打到一个杯子里吃。简单地说，三种蔬菜每顿吃一种和每顿都取三分之一来混着吃，都是多样化，并没有科学证据显示后者比前者对健康更有利。

除了没必要这样做之外，那位知名媒体人的“全食物精力汤”还有一些问题。她强调“全食物”，要求把食物的皮和果核都打进精力汤里。有的水果，比如苹果、桃、杏、李子、樱桃等，它们的果核中含有相当量的氰苷等明确有害的物质。氰苷被水解后，可以释放出有毒的氢氰酸。尽管在通常情况下，食物果核中所含的氰苷的量没有达到有害剂量，但如果能够避免，就没有必要去承担风险。此外，很多植化素是抗氧化剂，在被打成汁的过程中容易被氧化，不如直接吃营养吸收效率高。

全食物养生法最津津乐道的证据是那位知名媒体人的丈夫苏先生的例子。苏先生做过肝癌手术之后，一直采用这种饮食方法。苏先生是幸运的，做了手术之后还能生子生女，至今也没有复发。不过需要指出的是，苏先生的幸运首先在于他的肝癌的发生位置在肝脏的尖部，且发现时尚未扩散，而手术也很成功。手术之后，夫人的养生法以及家人朋友的关心支持，对他的健康大有裨益，但是，这不能说明这个养生法能够治疗癌症。积极地寻求现代医学的治疗，才是治疗癌症的根本方法。至于这种膳食调理，还是在没有得病的前提下作为营养支持去降低患癌风险比较合理。

戳一戳葡萄籽提取物的神话

在各种保健品中，葡萄籽提取物是极具号召力的一种。它的生产厂家在广告中宣传其功效有降血脂、降胆固醇、抗癌、美容、抗衰老等，把各种时髦的功效都往它的身上贴。广告将葡萄籽提取物吹嘘得再神奇也只是广告，不是科学事实。葡萄籽提取物的那些所谓的功效靠谱吗?

葡萄籽提取物的出现是葡萄酒行业废物利用的结果。葡萄被酿成酒之后，会剩下大量的葡萄籽。起初葡萄籽是废物，不但卖不出钱来，葡萄酒生产厂家还得花钱把它处理掉。葡萄酒行业自然希望变废为宝，于是请科学家对它进行研究。

葡萄籽还挺争气。经过成分分析，科学家发现它含有大量的维生素E、类黄酮、亚油酸以及一类叫作“低聚原花青素复合物（简称OPCs）”的成分。除了亚油酸资质平平之外，其他成分都具有很好的抗氧化性能。人体内会因为氧化作用产生一些自由基，而自由基能够攻击细胞膜以及DNA等。通常认为，“氧化应激”（指体内氧化与抗氧化作用失衡，倾向于氧化）与衰老以及多种疾病的发生有关。虽然转了几个弯，但抗氧化似乎能与抗衰老和防治疾病搭上关系。于是乎，各种抗氧化剂保健品应运而生。

直接吃葡萄籽难以下咽，即使葡萄籽被人吞了下去，也多半穿肠而过，其中的活性成分很难被人体吸收。于是，把葡萄籽的活性成分提取出来，做成保健品，就成了利用葡萄籽的必由之路。葡萄籽提取物胶囊应运而生。

因为葡萄籽提取物中有那么多抗氧化成分，这些成分对人体是不是真有保健功能也就引起了科学家们的广泛关注。科学家们经过实验发现，人们吃下葡萄籽提取物之后，体内血液中的抗氧化剂含量显著增加。也就是说，葡萄籽提取物中的抗氧化成分的确可以被人体吸收。

这自然让保健品生产厂家很兴奋——仅凭"能够被吸收进入血液"这一点，就可以让更多的人掏钱了。法国人喜欢美食，吃的高胆固醇、高脂肪的食物不少，心血管疾病的发生率却比其他国家的要低——这个现象被称为"法国悖论"。有些人对于这个悖论的解释是，法国人喝葡萄酒比较多，葡萄酒中含有的类黄酮成分有助于降低血脂和胆固醇，从而保护心血管。葡萄籽提取物中含有大量的类黄酮以及其他抗氧化剂，这些成分也就被演绎成具有"保护心脏"的功效。不过，这基本上是一种臆测，迄今为止没有什么实验证据。把"法国悖论"归因于饮用葡萄酒，这一结论本身就不靠谱；因为葡萄籽提取物和葡萄酒一样含有类黄酮，就说葡萄籽提取物能够"保护心脏"更不靠谱。

当然，除了类黄酮，葡萄籽提取物中还有其他抗氧化剂。"整体”的提取物，是否能保护心脏呢？一些很初步的动物实验表明，葡萄籽提取物似乎对于降低胆固醇、保护心血管有一定的作用。不过，这些实验太初步了，仅仅是“没有否定这种可能”，完全不能作为证据。在没有进一步可靠的人体实验结果出来之前，还是不要当真的好。

葡萄籽提取物能抗癌自然是最有吸引力的说法。在一些体外细胞实验中，葡萄籽提取物或者其中的OPCs对某些种类的癌细胞的生长显示了较好的抑制作用，这也是保健品生产厂家宣称葡萄籽提取物能抗癌的依据。需要说明的是，“体外细胞实验表明能够抑制癌细胞的生长”与“吃了能抗癌”之间，还有着相当长的距离。一方面，OPC_S只是对抑制某些特定的癌细胞的生长有效。另一方面，体外细胞实验所模拟的生理环境与人体体内的情况完全不同。体外细胞实验只能作为一种筛选工具，“有效”只是说明它没有被淘汰，研究者可以对它进行更进一步的研究。各个制药公司和癌症研究机构，每年都会发现大量“体外细胞实验证明对抑制癌细胞的生长有效”的物质。越往后研究，被淘汰出局的就越多，最后能够通过临床实验证明“确实有效”的，实在是凤毛麟角。

保健品生产厂家喜欢宣称的葡萄籽提取物具有的一类功效是“辅助治疗”。2006年，英国学者发表了一项葡萄籽提取物辅助治疗癌症患者的二期临床研究。66位早年进行过乳腺癌放疗、有中等或者明显乳房硬结的志愿者，被随机分为两组。一组44人服用葡萄籽OPCs，每天三次，每次100毫克。另一组22人服用安慰剂。12个月之后复查，检测乳房硬结和乳房外观，并由志愿者描述乳房硬度和疼痛感，结果是两组志愿者的情况没有差别。

葡萄籽提取物的功效中能够算得上可能有效的，大概是缓解慢性静脉功能不全和水肿。慢性静脉功能不全是血液汇集在腿部，引起腿部疼痛、肿胀、乏力；而水肿则可能跟受伤、手术或者久坐有关。一些研究显示，服用葡萄籽提取物可能对这些症状有一定的缓解作用。

除此之外，关于葡萄籽提取物的美容、护肤、抗衰老之类的功效，都只是人们美好的愿望，这些功效并没有科学证据的支持。

葡萄籽提取物的成分比较复杂，也没有经过系统充分的安全性研究，我们只能“相信”它对大多数人来说是安全的——有一项为期8周的临床实验没有发现葡萄籽提取物有什么危害，可以算作支持这一结论。不过，考虑到这样的研究还很不充分，基于谨慎与稳妥，孕妇、产妇和儿童，还是不要服用的好。

吃蔓越莓能预防尿路感染吗

很多人都喜欢追逐“神奇食物”，蔓越莓就是近年来他们追逐的一种所谓的神奇食物。蔓越莓果、蔓越莓干、蔓越莓汁、蔓越莓胶囊……各种以蔓越莓为原料做成的食物和保健品层出不穷，让人眼花缭乱。关于蔓越莓的功效传说很丰富，其中“预防尿路感染”一项对时尚女性来说极具吸引力。

蔓越莓原产于北美，是一种常绿矮灌木所结的浆果。它是北美人传统的“药食同源”食物，既是食品，也是药品。蔓越莓被用于治疗多种病症，其中最为人所熟知的是预防尿路感染。尿路感染是由细菌引起的，最早有医生解释蔓越莓的作用，说食用它可以把尿的pH值降低到足以杀灭细菌的程度。这一解释曾经被很多人接受，但这种说法显然很可疑：尿来源于所有的饮食，要靠蔓越莓把它的pH值降到能杀菌的程度，似乎有些夸张。

后来有一些研究认为食用蔓越莓可以阻止细菌在尿道的细胞上附着——不能附着，自然也就难以导致感染。这个解释有一些研究结果支持，结果在很长的一段时间内，一些专业机构和专业人士也推荐食用蔓越莓产品，作为预防尿路感染的食疗方案。不过他们在推荐时也特别说明：食用蔓越莓只能帮助预防，而无助于治疗——如果尿路已经被感染，说明细菌已经附着，食用蔓越莓就没什么作用。

这种推荐是基于“反正它是水果，即使有效证据不足，但至少无害”的思路。虽然这种思路足以说服许多消费者，但科学家们还是在不停地收集证据，试图回答“吃蔓越莓到底能不能预防尿路感染”这一问题。

著名的循证医学数据库考克兰图书馆每隔几年会公布一篇综述，收集、整理和总结各种来源的“蔓越莓与防治尿路感染”的科学研究。以前的综述显示蔓越莓“可能可以缓解尿路感染症状，尤其是对反复发作的女性”。最新的一篇综述公布于2012年，一共收集了24项人体研究（比以前增加了14项），研究中的参与人数多达4473人。这篇综述汇总这些数据，得出的结论是：“与安慰剂、水或者其他食物相比，蔓越莓产品不能减少尿路感染的发生。”而且，即使是针对特定人群，比如老人、孕妇、尿路感染多发的女性或者儿童、癌症患者等，食用蔓越莓产品也没有显示能有效预防尿路感染。

曾经有一家开发蔓越莓产品的公司收集了一些研究文献，向欧洲食品安全局（EFSA）申请“服用蔓越莓胶囊能够预防尿路感染”的功效宣称。EFSA的专家组审查之后，结论是“这些文献都不能证明结论”，从而拒绝了这一申请。

当然，作为一种水果，蔓越莓对人体健康是有益的。与许多水果一样，蔓越莓也含有较多的维生素C和原花青素，算得上是一种健康食品。不过需要注意的是，蔓越莓富含水杨酸，与阿司匹林的成分乙酰水杨酸具有类似的结构和功效，对阿司匹林过敏的人，在食用蔓越莓产品的时候就需要格外小心。

此外，蔓越莓本身并不好吃，又酸又涩。在对蔓越莓汁进行研究的实验中，很多实验志愿者受不了蔓越莓汁的味道而提前退出了实验。至于商品化的“蔓越莓汁”或者“复合蔓越莓汁”，其中被添加了许多改善口味的成分，至于添加了什么，那就需要购买者仔细看看产品标签了——比如，如果添加了很多糖，那么，这样的蔓越莓饮品甚至不能算作健康饮料。

补充叶黄素有什么用

有一种保健品叫作叶黄素，它的生产厂家将其功效宣传得神乎其神，说它能保护眼睛、抗氧化等。

很多人都应该接触过叶黄素——中学的生物课有一个实验是用纸层析法分离叶绿素，实验最后滤纸上会出现四条不同颜色的带，黄色的那条就是叶黄素。

叶黄素是一种类胡萝卜素，广泛存在于植物中，易溶于脂肪，其浓度低时呈现黄色，浓度高时呈现橙红色。如果鸡吃了叶黄素，这种色素便会沉积到皮肤和蛋黄中。鸡皮发黄更受消费者喜爱，而蛋黄颜色深的鸡蛋会被消费者认为“有营养”而且“更好吃”，所以生产厂家在鸡饲料中加入叶黄素就可以投消费者之所好。

“在饲料中添加色素”的行为一般会被许多人当作“造假”而遭到谴责，因为叶黄素来自天然植物，所以在鸡饲料中加入叶黄素，这种添加行为比较容易被消费者接受。添加的叶黄素一般是从万寿菊中提取的，说起来应该比那些野草、蔬菜“高档”多了。不过鸡也分不清自己吃的色素是来自天然植物还是人工添加剂，反正只要吃了，就能让蛋黄变得更加诱人。

作为色素，除了添加到饲料中之外，叶黄素还会被直接用于食品，不过叶黄素表现很一般——与其他的天然色素一样，叶黄素的稳定性不够好，价格却很贵。

如果只能作为饲料添加剂添加到饲料中，那么叶黄素也就只能默默无闻了，但它自有不同之处：人的视网膜黄斑上存在着大量的叶黄素。

眼睛是人体最容易被光伤害的器官。进入眼睛的光线，蓝光部分需要被视网膜上的叶黄素吸收。此外，光线产生的自由基，也可以被视网膜上的叶黄素所清除。有一种非常常见的老年疾病叫“老年性黄斑变性”，简称AMD，一般50岁以上的人可能得这种病，年纪越大得病率越高。得了这种病，开始的症状是视力下降，恶化之后会导致失明。

有大量的研究证实，吃了富含叶黄素的食物或者叶黄素补充剂之后，血液中的叶黄素浓度会升高，而视网膜黄斑上的叶黄素也会增加。也就是说，人体中的叶黄素的确可以通过进食食物来补充。补充了之后有没有用呢？科学家针对这一问题进行过一些小规模研究或者流行病学调查，结果认为“可能有用”。

2001年，美国国立卫生研究院（NIH）下属的眼科研究所支持进行了一项与年龄老化相关的眼睛疾病研究，简称AREDS。这项研究设计了一个含有500毫克维生素C、400单位维生素E、15毫克β-胡萝卜素、80毫克锌和2毫克铜的复合配方膳食补充剂。科学家将实验志愿者（AMD患者）分为两组，一组患者服用复合配方膳食补充剂，一组患者服用安慰剂。实验持续了5年，结果服用复合配方膳食补充剂的AMD患者症状严重恶化的比例要比服用安慰剂的患者低25%。这个结果对于膳食补充剂来说，可以算得上是很好的效果了。所以，美国眼科学会推荐用这个复合配方膳食补充剂来降低AMD恶化的风险。

不过这个复合配方膳食补充剂有两个问题。一是它所含的β-胡萝卜素剂量不小，过多摄入β-胡萝卜素可能增加吸烟者患肺癌的风险；二是它所含的锌的剂量已是“安全摄入量”的2倍。2006年，NIH进行了AREDS的第二期实验。这次实验也是为期5年，考察添加鱼油、叶黄素与玉米黄素，去掉β-胡萝卜素以及减少锌等修改配方的效果。

这项实验还在进行的时候，保健品生产厂家就已经迫不及待地依据这项研究的配方设计来推销产品了。2013年，AREDS的第二期实验结果公布，结论是：在原来的配方基础上，增加鱼油、叶黄素与玉米黄素都没有额外的效果。不过，如果AMD患者吃的是不含β-胡萝卜素的配方，那么增加叶黄素和玉米黄素就有明显的效果。此外，如果AMD患者的饮食中叶黄素和玉米黄素的含量低，那么添加这两种色素的配方也会显示效果。

研究者对这一结果的解释是：叶黄素和β-胡萝卜素同属类胡萝卜素，在吸收上存在竞争关系，所以叶黄素的作用可能被β-胡萝卜素掩盖了。这一研究结果的价值在于，可以用叶黄素和玉米黄素来代替配方中的β-胡萝卜素，从而避免后者可能带来的争议。

因为叶黄素也是一种抗氧化剂，所以保健品生产厂家在推销叶黄素时，也把各种抗氧化剂的可能功效，比如抗癌、保护心血管等作为叶黄素的宣传卖点。需要说明的是，这些功效主要是靠猜想，并没有什么严谨的科学证据支持。

叶黄素对眼睛的保护作用在理论上合理，也有一些实验证据的支持。叶黄素广泛存在于食物之中，安全方面也没有太多的担心。综合权衡风险与好处，不仅保健品行业，而且由眼科专业人士组成的美国验光协会也推荐人们通过进食食物或者补充剂来摄入叶黄素与玉米黄素，以保护眼睛。

摄入叶黄素的首选途径还是常规饮食，深绿色蔬菜中的叶黄素含量较高，柿子椒、豌豆、西兰花、南瓜、玉米、鸡蛋等都是叶黄素和玉米黄素的良好来源。关于叶黄素，目前没有推荐摄入量，一般认为每天摄入几毫克到10毫克是安全的。在常见食物中，100克熟的羽衣甘蓝就可以提供20毫克以上的叶黄素；100克菠菜或者牛皮菜一般也含有十几毫克的叶黄素；100克的柿子椒则含有5毫克左右的叶黄素，也属高效；100克的西兰花则含有1毫克的叶黄素，也可以对身体产生不小的贡献。而且，这些食物还含有其他多种人们容易缺乏的营养成分，却没有什么需要限制的成分，本来就应该多吃。

青蒿素保健品的“好处”与风险

女科学家屠呦呦因为在研究青蒿素方面的贡献获得了诺贝尔生理学或医学奖，一时间青蒿素成为人们关注的重点，于是各路商家开始炒作青蒿素产品。除了颇具搞笑意味的“诺贝尔奖青蒿饼”之外，原产于美国的青蒿素胶囊也在中国隆重登场。除了大家熟知的治疗疟疾，商家们还宣称青蒿素胶囊具有“抗肿瘤、抗菌、抗寄生虫、解热、提高免疫力、改善心血管功能、可治硅肺病、缓解腰酸背痛”等功效。

虽然这种高纯度的青蒿素补充剂是借着屠呦呦获奖的契机登陆中国的，但是它们在美国出现了很多年。美国的膳食补充剂实行备案制度，美国FDA对膳食补充剂的监管权力相当弱。按照美国法律，膳食补充剂的有效性和安全性都由厂家自己保证，并不需要经过FDA的批准即可上市销售。FDA只有在获得“不安全证据”之后，才能禁止它们的销售。FDA的监管职能几乎只剩下了打击不实宣传——厂家不需要FDA认可就可以宣称产品的功效；只需要申明该功效“未经FDA审查”以及该产品“不用于诊断、处理、治疗或预防任何疾病”即可。安全性方面，只要不吃出立竿见影的危害，

FDA也就很难发现。

青蒿素补充剂在美国的出现与其他中药进入美国的方式是一样的。它"来自神秘遥远的地方，已经被当地人吃了千百年"——这就可以作为"厂家认为安全"的依据了。至于它的功效，在美国商家们不能公开直接宣称，但可以通过网络等渠道间接鼓吹。再加上科学界对青蒿素进行过各类研究，科学家们发表过一些青蒿素"可能有某某功效"的初步研究论文，所以消费者自然会认为青蒿素"一定"具有某某功效。

一种药物具有多种功效是完全有可能的。青蒿素被确证的功效是治疗疟疾，科学家们还在持续探索青蒿素的其他功效，迄今为止研究较多的是抗癌。在动物实验和细胞实验中，青蒿素展示了杀死癌细胞的能力，这也就是青蒿素补充剂生产厂家宣称青蒿素补充剂有抗癌、抗肿瘤功效的"科学依据"。要知道，在动物实验和细胞实验中"显示了抗癌作用"的合成物质或者天然成分，医药公司和科学界每年都会发现很多，但最后真正能够通过临床实验的考验，"笑到最后"的实在是凤毛麟角。仅仅基于这样的"科学研究显示"，就去尝试食用青蒿素，无异于把自己当成了小白鼠。至于商家们宣称的其他功效，连这些初步研究都没有，就更加不靠谱了。

2011年，美国有一家公司在其网站上宣称青蒿素有"抑制肠道细菌和寄生虫""杀死癌细胞""对抑制病毒、细菌及真菌感染很有效"等功效，被FDA判定为违反多条法律。FDA对其予以严厉警告，要求该公司立即整改并在15天之内向FDA报告，否则FDA将不再另行通知而直接采取执法行动，查封该公司的非法产品，禁止该公司继续生产和销售那些产品。

美国的膳食补充剂在中国被称为“保健品”，但中国实行审批制度，中国国家食品药品监督管理总局的监管权力比美国FDA的要大得多。迄今为止，没有任何国产或进口的青蒿素保健品获得批准。也就是说，在中国销售青蒿素补充剂，实际上是违法的。

很多人认为青蒿素来自天然植物，即使没有作用，也不会对人体有害。殊不知，这是一种非常危险的想法，因为“天然”从来不是安全的保证。比如青蒿素，研究者对它进行过许多临床实验，虽然没有出现严重的副作用，不过有百分之几的人会出现腹痛、腹泻、恶心、呕吐等症状。青蒿素作为药物治疗疟疾时出现这些副作用，完全可以接受。不过只是为了毫无依据的保健功效去承担这样的副作用，就毫无必要了。

更严重的是，青蒿素可能对人的肝脏有损害。在青蒿素的临床实验中，有0.9%的人出现转氨酶升高等肝功能异常症状。一般认为转氨酶升高是疟疾造成的，并非青蒿素的副作用。不过，美国疾病控制与预防中心（CDC）在2009年通报的一个病例很值得关注。一位52岁的男子感到腹部不适，希望采取“自然疗法”解决问题，解决方案是吃青蒿素胶囊，每天三次，每次200毫克。一周之后该男子病情恶化，腹痛加剧，尿色加深。又过了三天，该男子停止服用青蒿素。再过了三天，该男子去医院做检查，发现自己的多项肝功能指标与肝炎的指标一样。两周之后该男子的各项指标才恢复正常。

虽然美国疾病控制与预防中心认为“还需要进一步的研究来确认青蒿素和肝炎之间的因果关系”，但还是在其通报的评论部分指出：“本通报所描述的情况、患者的表现、病史和临床过程表明，患者患上肝炎可能是服用了10天的青蒿素补充剂所致。调查没有发现存在肝炎的其他病因，并且患者在停止服用青蒿素补充剂之后，症状和体征逐步好转直至完全恢复。”

青蒿素是一种治疗疟疾的高效药物，但它的滥用会让疟原虫产生抗性。目前，这种抗性已经被确认，它使得青蒿素治疗疟疾的能力逐渐下降。减缓药物抗性出现的有效措施，是避免药物的不必要的使用——服用青蒿素保健品就是这样一种“不必要的使用”！

茶中的泡沫是天然的减肥药吗

我们在泡茶，尤其是第一轮冲泡时，有时会发现茶水中有一层泡沫。许多人会把这层泡沫当作茶叶的“杂质”，在倒掉第一泡茶水时，将这些“杂质”去掉。有的人则会用茶杯盖把泡沫撇开，就像炖肉时撇掉浮沫一样。

构成这层泡沫的物质叫作“茶皂素”，是皂苷的一种。皂苷是广泛存在于植物中的一种次级代谢产物，其中名头最大的人参皂苷被认为是人参的“功效成分”。一些海产品，比如海参中也含有皂苷。到处寻找“活性成分”的研究者们也把海参皂苷视作目标。皂角中也含有丰富的皂苷，早在人们还不知道皂苷的化学结构之前，皂角就被古人用来洗衣服了。

洗衣服的皂角和被中国古人当作大补食材的人参，其有效成分居然是同一类物质，这或许让许多人感到诧异。不过在自然界，这是很正常的。皂苷是一类有特定结构的有机分子，分子中有亲水端和疏水端，从而使得它具有良好的表面活性——这也是它能够产生泡沫的根源。衣服上的污渍是疏水的，人们在洗衣服时，表面活性剂的疏水端插入污渍中，而亲水端伸入水中，从而把污渍变成分散于水中的颗粒，然后被水冲走。这就是皂角洗涤的原理。皂角可以用来洗衣服，也可以用来洗澡、洗头——在没有洗发水的古代，皂角一类的“天然表面活性剂”大概就是女士们的洗发水了吧。

皂苷的药效或许与它的生物学功能有关。植物产生皂苷成分，显然不是为了给人类洗头用的，一般认为这与植物的自我保护有关。根据目前的科学研究，我们了解到皂苷能够抗菌，且对于一些昆虫来说它是具有毒性的。此外，它具有苦味，能够避免被动物们大量吞食。

皂苷的这些抗菌性和毒性，来自其分子与其他细胞的结合能力，一旦结合，就具有了生物活性。正是因为这种生物活性，皂苷才被人类惦记上，人类开始探索它的“保健功效”或者“药用价值”。尤其是人参这种“传统宝贝”，一旦传说中的那些功效被证实有“科学证据支持”，就会“钱途远大”。不过，迄今为止，皂苷的抗菌性仅仅是在很多细胞实验和动物实验中显示有效，而在人体中的功效依然是不明确。

作为皂苷的一种，茶皂素自然也免不了被拉出来，放到这些研究中去“遛遛”。研究结论大致是，茶皂素既不比别的皂苷更好，也不比别的皂苷更糟。人们指望它有什么保健功效，自然不大靠谱。不过我们可以围观一下科学家们对它的研究，把这些研究作为喝茶聊天时“高大上”的谈资。

在诸多对茶皂素的研究中，把茶皂素作为“脂肪酶抑制剂”

的研究很有趣。大多数人的饮食中都有过量的脂肪，而脂肪又含有远比碳水化合物更高的热量。抑制脂肪的吸收，就成了减肥的主要思路之一。食物中的脂肪主要是以甘油三酯的形式存在的。在消化道中，脂肪酸被脂肪酶水解释放出来，才能被吸收进入血液，重新合成甘油三酯。如果有什么物质能在消化道中抑制脂肪酶的作用，脂肪酸就不会被水解，脂肪也就不会被吸收，而是被排出体外。目前已被中国国家药品食品监督管理局批准的减肥药奥利司他，就是通过抑制脂肪酶的活性来起作用的。作为一种药物，奥利司他自然有一些副作用，普通人使用时有不少顾虑。于是，从“天然食物”中寻找脂肪酶抑制剂就成为研究者的另一研发思路。

皂苷被视为一类天然的脂肪酶抑制剂，而茶皂素也吸引了不少目光。2001年的《国际肥胖杂志》刊登过一项很有意思的研究。研究者从茶叶中提取出茶皂素来做各种实验。为了检测茶皂素能否抑制脂肪酶的活性，研究者在反应试管中模拟植物油被脂肪酶分解的过程。如果不在反应试管中加茶皂素，研究者在反应混合物中如愿检测到了水解产生的油酸。如果在反应试管中加入茶皂素，反应混合物中的油酸量就会减少。当研究者在每毫升溶液中加入2毫克从绿茶中提取出来的茶皂素后，产生的油酸只有正常情况下的25%；如果加入的是乌龙茶的提取物，则完全没有油酸产生——也就是说，脂肪酶的活性完全被抑制了。

研究者又给老鼠喂乳化玉米油。他们把用做实验的老鼠分为两组，给一组老鼠吃普通的乳化玉米油，给另一组老鼠吃的乳化玉米油中添加了茶皂素，然后检测两组老鼠血浆中的甘油三酯含量。研究结果发现，最初的两个小时内，两组老鼠血浆中的甘油三酯含量都差不多，但从第三个小时开始，吃茶皂素的老鼠与不吃茶皂素的老鼠相比，前者血浆中的甘油三酯含量不到后者的一半。这说明茶皂素抑制了脂肪的吸收，减少了甘油三酯的合成。

这个研究结果自然让研究者很兴奋，于是他们又继续用老鼠做实验。第二次实验他们把老鼠分成三组，三组老鼠的平均体重相当，让它们自由进食。正常喂了一周的鼠粮之后，研究者给第一组老鼠继续喂鼠粮，给第二组老鼠改喂高脂食物，给第三组老鼠喂食高脂食物加茶皂素。在接下来的10周里，他们每周监测老鼠们的平均体重和进食量，结果发现：第二组和第三组老鼠每周摄入的热量明显要高于第一组，从第五周开始，第二组老鼠的平均体重就比第一组老鼠的平均体重明显要重，但第三组老鼠的平均体重和第一组老鼠的平均体重相比却没有明显差异。到实验结束的时候，第二组老鼠的平均体重约为44克，而第一组、第三组老鼠的平均体重则约为38克。

为了验证茶皂素的作用，研究者还收集了老鼠的粪便来进行检测，结果发现第三组老鼠的粪便中的甘油三酯含量是第二组老鼠的2.2倍，再次说明茶皂素的确抑制了脂肪的吸收。此外，他们还把老鼠的子宫旁的脂肪组织切下来进行分析，发现吃高脂食物的老鼠，其子宫旁的脂肪组织的平均重量大约是吃常规食物的老鼠的2

倍，而吃高脂食物加茶皂素的老鼠，其子宫旁的脂肪组织的平均重量与吃常规食物的老鼠的基本一样。研究者进一步分析还发现，只吃高脂食物的老鼠，其子宫旁的脂肪组织的细胞直径明显比其他两组老鼠的要长。这说明，茶皂素抑制了饮食中脂肪的吸收，这体现在子宫旁的脂肪组织的合成上。

从学术角度来看，上述研究很有意义，它们显示了茶皂素这种“天然产物”具有抑制脂肪酶的能力，而且这种能力还直接体现在脂肪的吸收代谢上。不过，茶皂素的实用价值其实不大——大概只能被保健品生产厂家的广告部门用来写忽悠文案。首先，上述研究中使用的茶皂素量太大了。老鼠的饮食中加了0.5%的茶皂素，按照普通人的食量，一天需要几克茶皂素——而一千克干茶叶才能提取出几克茶皂素来。所以，喝茶得到的茶皂素的量，与产生减肥效果所需要的量差距实在有点大。喝茶得到的那点儿茶皂素，最多只能说“不是坏东西”，至于好处，就聊胜于无了。

茶皂素不仅存在于茶叶中，还存在于茶树的根、茎、花和果中。除了茶树，同科的山茶、油茶中也含有茶皂素。在商业化生产中，茶叶和茶籽榨油后的茶饼都可以用来提取茶皂素，因此茶皂素只是工业生产中原料综合利用的产物之一。茶皂素与其他产品共同分摊了原料成本和加工成本，所以它的生产成本并不高。如果真打算每天吃几克茶皂素，普通人还是可以承担得起的。不过，如果真的每天吃那么多，也就需要考虑其安全性——毕竟，“天然提取”从来不是安全的同义词。比如，茶皂素具有破坏红细胞膜导致溶血的能力——好在吃到肚子里，它并不会被肠道吸收进入血液，也就不会和红细胞碰面。在上述的老鼠实验中，研究者也监测了血液的情况，证实没有出现溶血现象，但是如果人吃到这个量，就需要科学家进行更广泛的研究，还需要证实到底会不会造成其他的负面影响。

芦荟的是与非

芦荟是一种很受女性宠爱的植物，市场上各种吃的抹的洗浴的芦荟产品琳琅满目。单就芦荟而言，传说中的那些形形色色的神奇功效有靠谱之处吗?

芦荟在中国的种植历史并不长，它传入中国不过几百年，而埃及人早在6000年以前就把它作为法老的殉葬品了。在埃及，芦荟被称为“不朽的植物”。传统上，芦荟内服用于通便，外敷用来疗伤。到了后来，人们又为它“想出”了各种功效。在目前芦荟产品生产厂家的营销中，美容、护肤、解毒、抗肿瘤、抗衰老等最时髦的功效才是芦荟的卖点。

人们对芦荟的研究其实很多，尤其是对其经典的功效即通便与疗伤方面的研究不少。芦荟中含有一些通便成分，所以芦荟可通便的传统经验得到了现代医学的支持。在美国，用于通便的芦荟提取物以非处方药的名义销售了很多年，后来研究者发现人体对这一通便效果有适应性——也就是说，用得久了，若想产生通便效果，就要逐渐加大剂量。于是，美国FDA要求生产芦荟通便药品的厂家提供安全性数据。这些厂家拒绝响应，于是，FDA在2002年取消了所有这类产品的非处方药资格，药品生产厂家要想按照药品销售，就必须进行新药申请。

基于对芦荟产品安全性的疑虑，美国国家毒理学项目组（NTP）进行了一项为期两年的动物致癌实验。实验结果发现，未经脱色处理的芦荟提取物对大鼠具有明确的致癌性，但对小鼠没有影响。美国国家毒理学项目组并没有对经过其他工艺处理得到的芦荟产品进行研究。基于这样一项实验，我们当然无法推测芦荟产品是否对人体具有致癌性，但这一实验结果本身足以引起人们的重视，科学家有必要对芦荟产品开展进一步的研究。

人们通常可以从芦荟中得到两种物质，一种是芦荟叶子内部的那些透明的凝胶，另一种是叶子表皮之下的黄色的乳胶。乳胶用于通便，而凝胶则用于涂抹。有一些芦荟产品只是对芦荟进行了简单提取，没有进行分离，所以同时含有凝胶和乳胶。

有一些小规模的实验显示，用芦荟的凝胶涂抹伤口，有助于伤口愈合。凝胶中的某些成分似乎具有促进小血管中的血液循环和杀菌的作用，这为“传统经验”提供了“现代证据”。不过，科学家们的看法并不一致，他们认为就此得出结论有点儿草率。另一项研究显示，凝胶不仅没有帮助伤口愈合，反而延迟了愈合。这项研究是否可靠难以判断，但这使得芦荟疗伤功效的可靠性扑朔迷离。要弄清楚这一点，科学家们还需要进行更多、设计更严密的实验。

关于芦荟其他功效的实验研究，科学家们做得不多，而且实验结果的说服力也不强。用“科学证据强度分级”的指标来衡量实验结果，只能说“证据不足以得出任何结论”——也就是说，除了通便和疗伤这两种功效，芦荟其他的功效可以说是“几乎无证据，基本靠想象”。

对于“证据不足以得出任何结论”的保健品，如果没有安全性的问题，那么聊胜于无，去试试也没有什么不可以，但是芦荟产品的安全性是一个问题。除了前面提到的致癌性实验，口服芦荟产品可能带来的安全风险更大。比如，乳胶能通便，自然也就能导致腹痛和腹泻。与不溶性膳食纤维的通便机理不同，芦荟乳胶的通便作用是通过刺激肠道来实现的，这一刺激会导致肠道细胞中的钾流失。如果长期服用芦荟乳胶产品，有可能导致身体肾脏受损、血尿、低钾以及肌肉无力等症状。如果每天服用1克芦荟乳胶产品，连续服用几天甚至可能致命。

对孕妇和哺乳期妇女来说，服用芦荟产品的风险更大。有报告称服用这类产品可能导致流产，此外也有导致婴儿出生缺陷的风险。严谨地说，这些风险也没有很强的证据，但是服用芦荟产品为孕产妇们带来的好处无所谓有也无所谓无，因此，从谨慎角度出发，实在没有必要去尝试。同样的思考角度也应该运用在儿童身上，而且儿童更容易出现腹痛和腹泻症状。

此外，糖尿病患者、肾病患者以及有肠道疾病或痔疮的人，也应该避免口服芦荟产品，因为服用芦荟产品不见得有什么作用，却可能影响正在服用的药物发挥作用或者让症状恶化。

总而言之，口服芦荟产品的风险超过了好处——即使它的确能通便，也不如那些安全可靠的膳食方式或者药物值得推荐。

不过，外用的芦荟产品基本上是安全的。所以，那些美容、护肤、处理伤口的外用芦荟产品，是否有用固然有待证实，好在不会危害健康。如果不怕浪费钱，愿意拿自己去做实验，也未尝不可。比如有研究显示，银屑病患者在患处涂抹含有芦荟提取物的乳液4周之后，症状有所减轻。

“葡萄柚减肥法”的前世今生

通过吃某种特定的食品来减肥，对人们来说永远是极具吸引力的减肥办法，“葡萄柚减肥法”就是其中的一种。葡萄柚本身就是食物，“吃了即便无效也没什么坏处”，再被人们贴上减肥的标签，它便具有了别样的吸引力。

葡萄柚减肥法最初流行于20世纪30年代，又被称为“好莱坞减肥法”。它的口号是“12天减10磅”——一磅大约为0.45千克，不到两周时间便可减掉4.5千克，这种减肥效果可以算得上是奇效了。

葡萄柚减肥法的食谱有多个版本，基本方法是每顿都吃葡萄柚，控制蔬菜水果的摄入，鼓励吃肉。它的“减肥理论”是葡萄柚中存在着一些神奇的酶，可以“燃烧”脂肪。

这种减肥法后来淡出了江湖——想想这种减肥法被提出之后不久第二次世界大战就爆发了，人们忙于应对战争与逃命，连肚子都填不饱，哪里还顾及减肥。直到20世纪70年代，葡萄柚减肥法再度流行，吸引了许多追随者。这一次，它还换了一个很“权威”的名字，叫作“梅奥饮食”。梅奥医学中心是世界著名的非营利性医学机构，具有相当好的声誉。“梅奥饮食”，听起来就“很科学”。不过，“梅奥饮食”纯属山寨了“梅奥”这个名字——梅奥医学中心不得不出面明确澄清：“梅奥饮食”与梅奥医学中心无关，这种饮食方式也不是他们推荐的，相反，他们认为这种饮食方式不合理。

不管是叫葡萄柚减肥法，还是叫好莱坞减肥法，或者梅奥饮食，这种减肥法能够起效，原因是按照它的方法进食，所摄入的总热量比较低。葡萄柚减肥法的食谱有各种版本，但每个版本每天食谱的热量都只有800大卡～1000大卡，而普通人每天需要的热量大约是2000大卡。也就是说，葡萄柚减肥法的主要法宝是饿。传说中的能够“燃烧脂肪”的酶，人们从来就没有在葡萄柚中找到过。这种减肥食谱只能短期采用，而无法长期坚持——正如梅奥医学中心所指出的，这样的食谱营养不均衡，长期按照这样的食谱进食会影响健康。

此外，还需要注意的是，这种减肥法能够起效的主要原因是它能导致身体脱水，一旦恢复正常饮食，减掉的体重很快就会回来。

不过，葡萄柚产业的经营者显然不甘心这样。他们继续努力，希望证明“葡萄柚有助于减肥”。2006年，研究者在《药物强化性食品杂志》上发表了一份临床研究报告。研究者把104位肥胖人士随机分为四组，请他们在每顿饭之前分别吃葡萄柚胶囊加苹果汁、安慰剂胶囊加苹果汁、安慰剂胶囊加葡萄柚汁和安慰剂胶囊加葡萄柚。12个星期之后，每组都有人退出，最后共有77人完成了实验。

结果，四组人士的平均体重分别下降了1.1千克、0.3千克、1.5千克和1.6千克。从数字上看，葡萄柚、葡萄柚汁或者葡萄柚胶囊都比安慰剂胶囊或者苹果汁要有助于减肥。

其实这项实验并不能证明葡萄柚中真有什么神奇的减肥成分，因为实验本身并没有控制其他因素，比如葡萄柚的热量比葡萄柚汁和苹果汁的都要低，人们也无法知道吃了葡萄柚或者葡萄柚胶囊之后是否会影响随后的食物总摄入量。

对于消费者来说，到底是什么原因导致了吃葡萄柚或者葡萄柚制品的人减掉的重量更多并不重要，重要的是吃了它既能正常吃饭，又能减轻体重。哪怕是吃了它们会影响食欲，也算是“帮助了减肥”。

其实，这项实验的质量并不是很高。虽然是随机对照实验，实验结果在统计意义上也有明显差别，但是它的样本量毕竟不大，每个组才20个人左右。此外，起初参与实验的有104人，但最终完成实验的只有77人，实验志愿者的退出率也稍微高了一些。

不过，这项实验的结果足够让葡萄柚产业的经营者和葡萄柚爱好者兴奋不已了。作为水果，葡萄柚还是比较优秀的。和其他的柑橘类水果一样，葡萄柚的维生素C含量很高，100克就能满足一个成人每天40%的维生素C需求。此外，葡萄柚的含糖量比许多水果的要低，因而热量也比较低。基于这些，不管葡萄柚有没有特殊的减肥功效，它都是值得吃的。

需要注意的是，葡萄柚中有一些成分能够抑制细胞色素酶的活性。细胞色素酶存在于小肠和肝脏中，负责药物的代谢——这种代谢会把药物进行分解，对于药物的功效发挥与毒性作用有着巨大的影响。医药研发人员在设计药物时是按照人体的解毒功能正常运转来确定药物的剂量的——也就是说，吃下的药物需要让细胞色素酶来分解，剩下的进入体内发挥作用。如果细胞色素酶的活性被抑制了，那些本该被分解掉的药物也进入到血液中发挥药性，这对于服药者来说就相当于吃下了过量的药物，情况严重的话会导致药物中毒。

很多药物都会和葡萄柚发生反应。对于消费者来说，记住哪些药物会和葡萄柚发生反应是不现实的，所以，最简单和安全的做法就是服药期间不要进食葡萄柚、葡萄柚汁或者其他的葡萄柚制品。如果实在想吃，最好向医生咨询有关药物的禁忌，或者服药后间隔4个小时以上再吃。

冷水冲蜂蜜，一样没营养

某电视台曾经做过一期节目，测量水的温度对蜂蜜的营养价值的影响。节目参与者用不同温度的水去冲蜂蜜，然后主持人请来自专业机构的人士用专业仪器测量蜂蜜中的酶值，发现高温的水会让蜂蜜中的酶值大大降低，最后主持人得出结论："冲蜂蜜不能用65℃以上的水，否则会降低蜂蜜的营养价值。"节目还采访了所谓的"专家"，"专家"说：蜂蜜中的主要营养物质就是酶，如果用开水去冲调，就会使酶失去活性，从而使蜂蜜失去"营养价值"。

这条"生活小智慧"既有"专家"的"科学解释"，又有专业机构的检测数据，结论还符合蜂蜜爱好者的预期，因此自然得以广泛传播。然而，这条"生活小智慧"完全是一则混淆视听的谣言。

蜂蜜的主要成分是糖和水，微量成分中有一些酶。这些酶为什么会存在于蜂蜜中，科学家还没有完全研究清楚，但它们的生物学功能是很明确的。蜂蜜中主要的酶有五种：淀粉酶、蔗糖酶、葡萄糖氧化酶、过氧化氢酶和酸性磷酸酯酶。淀粉酶的作用是把淀粉切成小分子，蔗糖酶把蔗糖水解成葡萄糖和果糖，葡萄糖氧化酶把葡萄糖转化成葡萄糖酸和过氧化氢，过氧化氢酶把过氧化氢分解成水和氧气，而酸性磷酸酯酶把磷酸酯进行水解。不管这些酶是否被加热失去活性，吃到肚子里都要经受胃酸和蛋白酶的攻击，保留活性的难度并不比被开水烫来得低。即使有一部分能够经受住重重考验到达消化道，也无法被吸收进入血液中，也就无法实现其生理功能——说这些酶具有营养价值或者保健功效，都只是想象。

那么，如果这些酶中有一些幸运儿到达了肠胃还保持着催化活性，是不是就能帮助消化从而具有营养价值了呢？答案依然是否定的。首先，淀粉酶和蔗糖酶，人体会正常分泌，来自蜂蜜的那点儿量与人体自身分泌的量相比，无异于沧海一粟。葡萄糖氧化酶产生过氧化氢，对人体甚至有害无益，而且，过氧化氢酶和酸性磷酸酯酶所催化的反应，都不是正常消化所需要的，也就谈不上帮助消化了。

蜂蜜行业的确曾经把酶值作为蜂蜜品质的指标。设立这个指标的理论基础，是蜂蜜中含有一定量的淀粉酶，而糖中不含淀粉酶。如果有人通过掺入糖的方式来造假，蜂蜜中的酶值就会变低。此外，如果对蜂蜜进行了加热处理，或者蜂蜜的储存时间过长，蜂蜜中的酶值也会下降。所以，设立这个指标是试图通过淀粉酶活性的值，来判断蜂蜜是否存在掺假或者经过了加热处理。也就是说，淀粉酶只是一个用来推测蜂蜜历史清白的指标，它本身并不具有什么营养价值。用开水把酶值降低，或者用冷水来保留淀粉酶，两种做法都没有营养上的意义。

事实上，虽然过去人们经常使用酶值这个指标，但用这个指标来判断蜂蜜的品质并不靠谱。一个指标能够成为评判品质的指标的条件，是指标高低和品质之间有明确的关系——以酶值为例，若要将它设为评判品质的指标，它必须满足以下关系："酶值高，表明蜂蜜好；酶值低，则表明蜂蜜不好。"蜂蜜中的淀粉酶含量受到各种因素的影响，有的蜂蜜酶值天然就高，而有的天然就低——用这个指标来判定蜂蜜品质的优劣，那些酶值天然低的蜂蜜就会无辜"中枪"。更重要的是，淀粉酶并不难获得，在掺糖造假的时候加一点进去，想达到多高的酶值都可以得到。

除了主要成分糖和水之外，蜂蜜中还有一些微量成分，蜂蜜爱好者们相信这些微量成分具有特别的功效。科学界和蜂蜜产业界都对这些微量成分和传说中的各种功效很感兴趣，开展和支持过各种各样的研究，然而，迄今为止，只有抗菌作用能够得到科学证据支持。蜂蜜是葡萄糖和果糖的混合物，在适当的条件下，前面提到的葡萄糖氧化酶能把葡萄糖氧化成葡萄糖酸，并释放出过氧化氢。过氧化氢俗称双氧水，是常用的杀菌剂。蜂蜜中还含有过氧化氢酶，其作用却是把过氧化氢分解成水和氧气。一个要产生过氧化氢，一个要分解过氧化氢——在这对冤家的矛盾统一中，不同的蜂蜜也就有了不同的抗菌能力。此外，蜂蜜中还可能含有一些其他的抗菌成分，比如"麦卢卡活性因子"（UMF）。这是新西兰的麦卢卡蜂蜜生产厂家借用自己的蜂蜜名称定义的一种抗菌成分。麦卢卡活性因子的化学成分是甲基乙二醛，其本身也是一种常见的化学试剂。过氧化氢和甲基乙二醛等抗菌成分的存在，使得蜂蜜在外用涂抹的时候有一定的抗菌效果。其实过氧化氢和甲基乙二醛都不是麦卢卡蜂蜜所特有的，只是很多研究者在做蜂蜜研究时都用麦卢卡蜂蜜来做实验而已，而麦卢卡蜂蜜生产厂家又借用自己的蜂蜜名称定义了甲基乙二醛，我们不得不说这是一种成功的营销策略。

除了外用时具有一定的抗菌功效，蜂蜜生产厂家和蜂蜜爱好者们津津乐道的蜂蜜的其他功效都没有被证实——这就好像有人说树林里有兔子，一拨又一拨的人前去寻找，但都无功而返。我们依然只能说“没有兔子存在的证据”，至于“到底有没有兔子”，人们还是通过“信”或者“不信”去解决。

科学家们花费了那么多精力去验证蜂蜜的种种功效，却没有得到想要的结果。人们当然可以继续认为“找过了没有找到，不代表不存在”，但是，无论有没有这些传说中的功效，蜂蜜中占主导地位的成分还是糖——它对健康的影响，与“垃圾饮料”中的糖是一样的。所以，不管是用热水冲调蜂蜜，还是用冷水冲调蜂蜜，都一样没营养。

三

涨点知识，少些迷茫

3

“水果酵素”的理想与现实

时尚女性总喜欢自制一些“美容”“瘦身”“排毒”之类的产品，“水果酵素”便是她们最近热衷自制的一种产品。水果本已很受欢迎，“酵素”又增加了几分“高科技”的气息，再加上是“自制”产品，水果酵素自然受到女士们的追捧。

然而，从科学的角度来说，水果酵素实在是不靠谱。

“酵素”是个日语词汇，先被引进台湾地区，后辗转进入大陆。其实，在规范的中文里，它早就有个正式的名字——酶。从化学结构上说，酶是一种蛋白质。与一般的蛋白质不同的是，它具有“活性”——这个活性是指它可以促使特定的化学反应发生。

酶是大多数生命活动不可缺少的催化剂，各种酶的缺乏往往会导致或大或小的疾病。

关于保健品，生产厂家和销售商最常用的忽悠方法是：这个东西对身体很重要，所以你需要补充。有些成分，比如维生素或者矿物质，如果身体真的缺乏，补充了就会有效；而酶，哪怕是身体真的缺乏，试图通过口服来补充，不过是一种美好的愿望——至于美容、瘦身、排毒这类颇具吸引力的功效，更是镜花水月。这是因为酶是具有催化活性的蛋白质，其活性存在的基础是其蛋白质保持完整的结构。酶被吃进肚子里，先要经过胃，而胃中的酸性很强，一般来说，酶在这样的环境中很难经受住考验。胃中还有专门为这种酸性环境而生的胃蛋白酶，可以把别的酶切开。这些被折磨得奄奄一息的酶到了小肠还会遇上强敌，那里的蛋白酶攻击性更强，不管是食物蛋白还是酶，都会被切得七零八落，成为一盘散沙。失去了完整结构的酶，自然也就不可能再具有活性了。

水果酵素的制作过程大致是把某种水果加上糖，然后密封发酵。这其实是一个简单的发酵过程：外加的糖与水果中的糖为细菌生长提供了“主食”，加上水果中的其他营养成分，水果上携带的细菌获得了安居乐业的生存空间。在细菌的代谢中，糖被转化成酒、乳酸、醋酸等，并产生各种各样的酶。

如果非要把这些酶叫作水果酵素也不是不可以，问题是，在这种简易的自制条件下，人们不能对细菌的种类进行有效的选择，也无法对产生的酶进行分析。如果口服这些酶真的能有什么作用的话，那么你就应该考虑一下：自然界有各种各样的细菌，凭什么你遇到的这些细菌就必须按你的期望，只为你生产“美容”“瘦身”“排毒”的酶，而不给你生产一些“长胖”“变黑”甚至致病的酶？不管制作水果酵素用的是哪种“高档水果”，细菌们其实都不识货，它们只认识其中的化学成分——糖、氨基酸、纤维素、矿物质等。

其实，对我们来说这个自制的过程并不陌生。如果把水果换成白菜，得到的东西叫酸菜；如果把水果换成蔬菜，并加入大量的水，得到的东西叫泡菜；如果把水果换成煮熟的大豆，得到的东西叫酱油；如果把水果换成煮熟的糯米，并加入经过人类精挑细选出来的酒曲，得到的东西叫酒酿……这些传统工艺，经过了几百年甚至更长时间的摸索和试错，严守工艺的话产生有害成分的可能性也不大。与它们相比，水果酵素的不确定性要大一些。

如果不考虑制作水果酵素过程中的参与感以及制作水果酵素所带来的心理愉悦，仅仅从物质的角度来说，这样制作出来的水果酵素，不喝出问题已经算是运气好了，美容、瘦身、排毒只能是美好的愿望。为了营养和健康，把水果直接吃了要明智得多。

不过，这种自制的发酵操作也有用武之地，比如可以用来处理厨余垃圾。厨余垃圾中有很多是丢弃的蔬菜，因为其含糖量低而无法让微生物迅猛发酵。不过，厨余垃圾中总有些吃苦耐劳的细菌，它们在这片贫瘠的土地上繁衍生息，并反过来使厨余垃圾土崩瓦解，变成有机肥料。这种发酵不仅减少了垃圾收集、运输、集中处理的难度，而且得到的有机肥可以用于种花、种菜，算是变废为宝了。在国外，有很多专门用于这种发酵的容器，使得处理厨余垃圾的方式更加方便清洁。

最后总结一下，关于水果酵素，需要了解的主要有四点：

1. 不管是“高科技生产”的纯酵素，还是自己“纯手工、无添加制作出来”的水果酵素，指望喝了它们就能“美容”“瘦身”或者“排毒”，都是不现实的。

2. 所谓的水果酵素，其实只是水果发酵得到的复杂混合物。发酵得好，像果酒或者酸菜；发酵得不好，只相当于一堆有机肥料。水果酵素中可能有多种酶存在，但是人们无法控制酶的种类，也无法证实那些酶有什么功效。

3. 制作水果酵素的发酵方式，适合于处理厨余垃圾，那样得到的产物是很好的肥料。

4. 要想发挥水果对健康的积极作用，把水果直接吃掉是最简单有效的做法。制作什么水果酵素，最多只能作为一种游戏和消遣方式，对健康却毫无意义。

精白米是“垃圾食品之王”吗

曾几何时，人们把能吃上精米白面作为生活富足的标志。不过，当温饱不再是问题时，精白米开始受到越来越多的质疑。有人调侃“白”和“米”合起来就是糟粕的“粕”字，更有人认为“白米饭是垃圾食品之王”。

许多人对此一头雾水，不是说“馒头米饭营养好”吗，精白米怎么突然就成了“垃圾食品”，还是“之王”了呢？精白米，到底是精华还是糟粕？

精白米与糙米的区别

把稻谷去除谷壳，得到的产物是糙米。糙米的表面还有一层“皮”，由于这层皮含有很多纤维，所以很影响口感，把这层“皮”去掉，就得到了精白米。去除的这层东西，被称为“米糠”，一般占糙米总重量的7%左右。

米糠虽然不好吃，但是其中含有现代人的饮食中非常缺乏的膳食纤维，还含有相当多的维生素、矿物质以及丰富的抗氧化剂。此外，米糠中还有含量不低的油。这些油主要是不饱和脂肪，与动物油相比，算是健康的油。科学数据显示，如果饮食中用不饱和脂肪代替饱和脂肪（比如来自动物的油），那么对于人体的心血管健康有相当的好处。

不管是精白米还是糙米，其主要成分都是碳水化合物，大约能占到总重量的80%，剩下的成分是10%左右的水分、10%左右的蛋白质以及其他少量成分。因为那层米糠的存在，糙米中含有更多的膳食纤维，100克糙米中含有4克膳食纤维。如果每天吃半斤糙米，那么就可以获得10克膳食纤维——权威营养机构一般推荐成人每天摄入25～30克膳食纤维，糙米中的膳食纤维含量也算可观了。此外，因为膳食纤维的存在，人吃完糙米饭之后，体内血糖浓度的上升速度比吃完精白米后要慢一些，这对于糖尿病患者来说很有意义。

精白米与糙米的更大差别在于它们含有的铁、锌等矿物质和B族维生素以及一些抗氧化成分的量不同。与糙米相比，精白米中的这些微量营养成分的含量往往不到糙米的一半，有些甚至不到糙米的三分之一。所以，从营养成分的比较来说，糙米的确要比精白米好一些。

不过，糙米也并非完胜精白米。糙米能够保留更多人体需要的矿物质，也能保留更多“对人体有害的成分”，最典型的就是砷。水稻是一种比较特殊的农作物，它会富集水中的砷。砷是天然水中无法避免的矿物质，只是不同水质的砷含量有高有低。由于水稻这种特别的生长特征，大米也就成了以水稻为主食的人群摄入砷的一大来源。

砷主要富集于米糠之中，而去除了米糠的精白米，其砷的含量也就会大大降低，所以糙米中砷的含量是精白米中的10倍以上。好在米糠只是糙米中很小的一部分成分，其中的砷还不至于带来明显的危害，除非是用高砷地区的大米制成的糙米，其砷的含量就会对身体有明显的危害。大米毕竟是摄入砷的一个来源，而砷对健康只有危害而没有价值，所以我们还是希望尽量降低它的摄入量。到底是吃糙米还是吃精白米，就取决于个人在“利益”和“风险”之间如何权衡。

精白米是“垃圾食品之王”吗

“垃圾食品”这个词本身并不是一个严谨的科学概念，它只是人们对不健康食品的俗称。通常所说的垃圾食品，是指以洋快餐为代表的“热量高、微量营养成分比较欠缺”的食品。如果用这个定义去衡量精白米，它的确可以归入垃圾食品之列。不仅如此，以精白米、精白面为原料制作出来的任何食品，比如馒头、面条、米粉、煎饼、油条以及各种糕点等，都可以归入垃圾食品之列。

这样的归类并不合理。因为无论是精白米、精白面，还是以它们为原料制作出来的食品，都只是人们整体食谱中的一部分——单一进食任何一种食物，都是无法满足人体的营养需求的。所谓“没有垃圾食品，只有垃圾食谱”，就是这个道理。

不管是精白米饭还是汉堡薯条，都可以作为健康食谱的一部分——它们本身既没毒性，也不含有值得警惕的有害成分。在此基础上，它们都可以提供人体需要的营养成分——淀粉也是人体需要的营养成分。

怎样吃精白米才健康

人体每天需要一定量的蛋白质、脂肪、淀粉、各种维生素和矿物质。对于很多人来说，大米是传统上不可不吃的主食。从营养角度上来说，精白米的作用是提供淀粉以及少量的蛋白质，不过其中的蛋白质品质不够优秀。如果食谱中的其他食物能提供足够的维生素和矿物质，那么就没有必要追求从主食中摄取。不过对于那些不发达地区的孩子们来说，因为他们每天吃大量的蔬菜，摄入的膳食纤维、维生素与矿物质充足，所以白米饭对他们来说是既美味又营养的食物。

如果食谱中还有许多其他淀粉类食物，比如面食、糕点、土豆、红薯等，白米饭就不是好食物。一个人总的食量是有限的，这些食物吃得多，蔬菜、水果以及肉类等其他食物就吃得少，身体就可能缺乏膳食纤维、维生素和矿物质等。

健康的食谱应该是比较多的蔬菜、适量的水果、适量的豆制品、少量的肉以及适量的主食。如果人对前面几类食物摄入得比较充分，那么主食方面吃适量的精白米饭也未尝不可——毕竟，食物的一大功能是美味，而对于多数人来说，精白米比糙米或者其他的淀粉类食物要好吃。如果人对其他种类的食物摄入得不够充分，又需要进食大量的主食的话，那么把精白米换成其他的微量营养成分丰富的食物，比如土豆、红薯、杂粮、糙米、全麦等，就是很好的做法。

全谷食物的魅力

在过去，“精米白面”一直是富足生活的标志，但是到了现代，在一些经济发达地区，精米白面却成了不健康食品的代名词。美国的膳食指南就主张用“全谷食物”来代替精米白面。对中国人来说，相对于全谷食物，人们更熟悉的用语是“粗粮”。那么，粗粮和全谷食物有什么区别？一度被当作贫穷象征的粗粮，又是如何实现华丽转身的呢？

什么是全谷食物

全谷食物是相对于精米白面来说的，一般指糙米和其他连皮在内的整体都完全食用的谷物。谷物包括胚芽、胚乳和麸皮三个部分。精米和白面去掉了麸皮，胚芽也所剩无几，主要保留了种子中的胚乳部分。胚乳的主要成分是淀粉、少量蛋白质与纤维素，其中维生素与矿物质的含量非常少。麸皮和胚芽则含有大量的膳食纤维，其蛋白质的含量也要高一些。此外，种子中的维生素和矿物质也主要存在于胚芽与麸皮中。

粗粮这个概念是相对细粮来说的。传统上，人们把大米和小麦以外的其他各种粮食都叫作粗粮，比如玉米、高粱、小米、燕麦、荞麦等谷物，红薯、土豆等块状茎类，还有黄豆、绿豆、红豆、青豆、黑豆等各种豆类。

全谷食物是从加工的角度来说的，而粗粮则是从粮食的种类来说的。比如稻谷，加工成精白米的话就是精粮，加工成糙米的话就算是全谷食物。小麦连皮加工成“连麸面”，就是“全麦粉”；如果去掉麸皮，就得到细粮、精粉。其他的玉米、土豆、大豆等，既可以加工成精粮，也可以连皮带渣全都食用，从而成为粗粮。

全谷食物到底好在哪里

严格意义上的全谷食物仅指连皮带胚一起吃的谷物。块茎和豆类等粗粮，如果也连皮带渣全部食用，意义与全谷食物一样，在讨论营养价值的时候，我们就把这些食物都叫作全谷食物。

与精粮相比，全谷食物含有更多的膳食纤维、矿物质、维生素以及一些抗氧化成分。全谷食物的魅力，也就来自这些成分。这些成分中对人体健康最重要的是膳食纤维。与通常所说的营养成分不同，膳食纤维不能被人体消化吸收，既不能为人体提供能量，也不能为人体补充微量元素，它们会完好无损地通过胃和小肠到达大肠。在大肠里，可溶性的膳食纤维会被肠道细菌发酵，产生一些短链脂肪酸和维生素，对于人体有一定的好处。所以，可溶性膳食纤维能够调节肠道菌群的状况。

越来越多的科学实验证实，肠道菌群的种类与数量，对于人体健康有非常重要的影响。此外，可溶性膳食纤维可以带走一部分胆汁，从而减少体内的胆固醇，这对于人的心血管健康比较有利。不可溶性的膳食纤维具有良好的吸水性，有助于食物残渣顺利通过消化系统，这对于解决便秘问题非常有效。不管是可溶性膳食纤维，还是不可溶性膳食纤维，它们都能够占据胃肠体积而不提供能量，所以能让人觉得饱了，从而不再进食，这对于控制体重非常有利。

在全谷食物中，膳食纤维多了，淀粉就少了，而且纤维的存在也阻碍了消化酶与淀粉的接触，也就降低了消化速度。所以，与精米白面相比，食用粗粮之后，人体内的血糖指数的上升速度明显要比食用精米白面之后慢一些。

如前所述，权威营养机构一般推荐成人每天摄取25～30克膳食纤维。在经济发达地区，人们的食物以精米白面和肉类为主，每天摄入的膳食纤维往往达不到这个推荐量。据美国的调查统计，美国人平均每天的膳食纤维摄入量只能达到推荐量的一半左右，所以美国的膳食指南所推荐的谷物类食物中全谷食物占到一半以上。

矿物质和维生素都是维持身体正常生理活动不可缺少的微量营养成分。对于多数人来说，每天摄入的矿物质和维生素往往不足以满足身体所需，距离摄入“过量”还很远。全谷食物所提供的矿物质和维生素，对缺乏它们的人来说是很好的补充，对不缺乏它们的人来说也不会成为负担。比如100克全麦粉不仅可以提供12克膳食纤维，还可以提供人体一天所需要的20%～30%的锌和铁以及全部的硒和大量的B族维生素。100克精粉中的膳食纤维只有2～3克，所含的锌只占人体一天需求量的5%左右。如果不通过添加物来强化的话，精粉中的铁和B族维生素的含量也会大大降低。

如何对待全谷食物

食用全谷食物的优势是增加了膳食纤维以及维生素、矿物质等微量营养成分的摄入，减少了热量，所以对于预防各种慢性疾病比如“三高”有所帮助。需要注意的是，这个全谷食物必须是货真价实的全谷食物。市面上一些宣称“全谷”的食物，其实只是加了一点点全谷成分，主要是通过色素等做出全谷食物的外观罢了。这样名义上的全谷食物，其营养价值实际上与精粮食物的是一样的。

健康饮食的关键是营养的全面均衡，全谷食物只是实现这个目标的一种方式。许多经济条件比较好的人，在日常饮食中过量食用精米白面和各种加工食物，造成每天膳食纤维摄入严重不足，且摄入的热量过多，最后的结果是导致“肥胖”和“三高”（高血脂、高血压和高血糖）。对于这类人来说，全谷食物是他们很好的健康食品。贫困地区的人，本来就以粗粮和蔬菜为主，连每天最基本的热量都难以保障，就不应该过分追求全谷食物。对于这样的人群来说，精米白面就是更好的食物。当然，对他们来说，要想达到营养全面均衡的目标，还需要增加蛋白质和脂肪的摄入量。

一般来说，全谷食物比精米白面更有营养，但是营养毕竟只是饮食的一个方面，人们对美味的追求也不可忽视。真正的全谷食品，只要含有足够的膳食纤维，口感都不如精加工的食物。如果实在难以忍受全谷或者粗粮的口感，也没有必要勉强自己去进食。只要控制进食精加工食物的总量，增加蔬菜水果（尤其是蔬菜）的摄入量，那么结果也是类似的。

芝士片：是“奶黄金”，还是垃圾食品

芝士是英文cheese的音译，规范的中文名称是“奶酪”或者“干酪”，也被叫作“起司”。许多奶酪生产厂家的营销文案宣称一斤奶酪由10斤牛奶制作而成，所以奶酪堪称“奶黄金”。芝士片是以奶酪为原料做成的片状产品，食用方便，味道更好。不过，有人说芝士片里添加了许多其他成分，不是真正的奶酪，甚至可以说是垃圾食品。

芝士片与牛奶是什么关系？我们到底能不能给孩子们吃芝士片呢？

从牛奶到奶酪

奶酪与牛奶的关系有点儿像豆腐与豆浆。牛奶中含有大约3%的蛋白质、4%的脂肪和5%的乳糖以及一些微量营养成分，其余的都是水。

牛奶蛋白中大约有80%是酪蛋白。它们的结构很特殊，有一部分喜欢水（叫“亲水端”），有一部分不喜欢水（叫“疏水端”）。在通常状态下，疏水端凑在一起冲里，亲水端冲外，形成一个个蛋白质胶粒。蛋白质胶粒的表面都是亲水的，表面带有电荷互相排斥，蛋白质胶粒也就可以稳定均匀地待在水中。牛奶中的脂肪被酪蛋白包裹成一个个的小颗粒，也与蛋白质胶粒一样均匀地分散在水中。牛奶中的其他固体成分都能与水和平相处，也就形成了均匀的液体。

如果把牛奶的酸度增加，蛋白质胶粒之间的电荷消失，就会互相靠近最后变成固体析出。此外，有一种蛋白质叫作凝乳酶，把它加到牛奶中会把酪蛋白的亲水端和疏水端切开。那些疏水的基团不喜欢水，就扎堆挤在一起，最终变成固体从牛奶中分离出来。

这样析出来的固体成分就是奶酪。大部分脂肪也随着蛋白的析出而跑到了奶酪中。牛奶中的钙与蛋白是形影不离的，基本上也跟着到了奶酪中。也就是说，我们希望从牛奶中获得的主要营养成分——蛋白质和钙，的确是在奶酪中得到了浓缩。

形形色色的奶酪

如果只用增加牛奶的酸度的方式来制作奶酪，比如发酵或者直接加入酸，这样得到的奶酪含水量很高，就像豆腐脑一样，叫作“新鲜奶酪”。它与酸奶有点儿像，但比酸奶的固体含量要高。

如果同时使用发酵和加入凝乳酶的方式来制作奶酪，得到的奶酪固体含量会更高一些，含水量大致占一半，这种奶酪通常叫作“软质奶酪”。

如果只用凝乳酶，奶酪析出后再施加外力压榨，得到的奶酪含水量更低，质地更硬，这种奶酪叫作“硬质奶酪”。如果说软质奶酪像豆腐的话，那么硬质奶酪就像豆腐干。

新鲜奶酪、软质奶酪和硬质奶酪，这三种奶酪都可以被看作牛奶的浓缩物。它们的营养组成与牛奶的并不完全相同：牛奶中的乳清蛋白和乳糖大部分跟着乳清被去掉了；新鲜奶酪和软质奶酪中剩下的乳糖还有一部分通过发酵转化成了乳酸。我们需要的蛋白质和钙，则主要集中到了奶酪中，所以把奶酪叫作“浓缩牛奶”是可以的——1斤硬质奶酪的确需要10斤以上的牛奶来制作。

不过，这些天然奶酪的形状和口感并不是那么诱人。为了改善口感，人们把它们融化，加入其他成分，再凝固起来。这样的奶酪叫作“再制奶酪”。按照中国的标准，只要奶酪制品中的奶酪含量超过15%，就可以叫作“再制干酪”。也就是说，奶酪制品生产厂家有高达85%的操作空间，可以加入其他成分来改善风味、口感、形态、保质期等。

芝士片值得吃吗

天然奶酪很难做成芝士片那样完美的形状，所以市场上的芝士片一般是再制奶酪。天然奶酪的原料只有牛奶，不同工艺得到的奶酪虽然有些不同，但营养差别不是特别大。作为再制奶酪的芝士片，只需要含有15%的奶酪就可以了——名字都叫芝士片，但内容可能大不同。

按照现行的食品营养标签规范，不管是哪种奶酪，都应该列出配料表和营养成分表。在配料表中，各种原料是按照含量从高到低的顺序列出来的。如果一种奶酪的配料表是“牛奶、食盐、发酵菌、凝乳酶”，那么它就是天然奶酪；而一种奶酪的配料表中的前几种配料是“干酪、水、植物油、玉米淀粉、乳清”，那么就说明它被加了水、植物油和玉米淀粉等，但还是以奶酪为主；而另一种奶酪的配料表中的前几种配料是“奶油、水、乳清蛋白粉、白砂糖、乳粉、干酪”，那么就说明它的奶酪含量很少，主要是其他成分。

因为再制奶酪的多样性，简单地说它值得吃或者不值得吃是不恰当的。其实，不管是天然的新鲜奶酪、软质奶酪、硬质奶酪，还是添加了其他成分的再制奶酪，我们需要的都是其中的营养成分，而不是它们叫什么名字，有没有“天然”二字，也不是其中的营养成分来自什么原料。与其纠结于该不该吃，该吃哪一种，不如来了解一下挑选奶酪时应该注意什么。

在食品营养成分表中，有能量、蛋白质、脂肪、碳水化合物和钠五项指标。很多奶酪还会列出钙含量指标。在这几项指标中，能量主要由固体含量决定，对于奶酪来说可以忽略。蛋白质是我们想要的营养成分，奶酪中蛋白质含量越高越好。脂肪通常是我们不想要的，但天然奶酪中就含有大量的脂肪。在制作奶酪时，可以通过加入植物油来增加脂肪的含量，也可以通过加入脱脂奶粉、玉米淀粉、乳清粉等来降低脂肪的相对含量。总之，我们可以根据配料表，选择没有添加植物油的奶酪制品。天然奶酪含有很少的乳糖，所以碳水化合物含量为0。如果再制奶酪中的碳水化合物含量不为零，那么碳水化合物就是来自添加的成分。如果配料表中列出的是淀粉，那么对于人体健康来说也问题不大；如果添加的是白砂糖，那么这种奶酪就不那么健康了。

人们在制作奶酪时通常会加入一定量的盐。盐是常见的食品成分中一个很大的不健康因素，应该尽量减少摄入。在比较奶酪时，可以比较钙和盐的比值。二者的比值越高，奶酪的质量就越好；比值越低，就说明盐太多钙太少，应该避免给孩子吃。

酸奶：理论很丰满，现实很骨感

牛奶与酸奶相比，哪个更好？这是营养专家经常被问到的问题。

标准的回答是这样的：“酸奶是牛奶加入特定的菌种发酵而得到的，发酵过程中活细菌大量增加，它们可能对肠道健康有一定好处。此外，发酵把一部分乳糖转化成了乳酸，大大降低了乳糖不耐受的风险。”

也就是说，从牛奶到酸奶，营养没有损失，没准酸奶的活细菌还能带来一些额外的好处。基于此，酸奶的生产厂家和一些专业人士也经常宣称“酸奶的营养价值比牛奶的更高”。

不过，事情不是这么简单——理论上的酸奶才是如此，现实中的酸奶可不一定是这样！

酸奶其实是一个生活用语。在国家标准中，有四种产品，即发酵乳、酸乳、风味发酵乳和风味酸乳都属于通常所说的酸奶。它们的原料可以是牛奶或羊奶，也可以是羊奶粉或牛奶粉。也就是说，用复原乳来生产酸奶是完全合法的，只要清楚注明即可。

这四类酸奶之间有什么区别呢？

首先，发酵乳和酸乳的区别在于：酸乳需要用嗜热链球菌和保加利亚乳杆菌发酵，而发酵乳则没有这一限定条件。也就是说，所有的酸乳都可以被叫作发酵乳，但不是用嗜热链球菌和保加利亚乳杆菌发酵的发酵乳不能被叫作酸乳。

其次，“风味”不仅仅是风味。如果叫酸乳或者发酵乳，意味着只能用奶或者奶粉为原料，不能添加其他成分，且其蛋白质含量≥2.9%。如果酸奶的名字前面加了“风味”二字，那么就意味着这种酸奶中可以添加食品添加剂、营养强化剂、果蔬或谷物，只要奶或者奶粉的总量在原料中超过80%（都是以其中的固体来计算的）就可以了，相应的蛋白质含量要求≥2.3%。也就是说，所有的酸奶都可以被叫作风味发酵乳，但风味发酵乳中只有满足“不添加其他成分”“蛋白质含量≥2.9%”“用嗜热链球菌和保加利亚乳杆菌发酵”三个条件的酸奶才能被叫作酸乳。

在本文开头部分牛奶和酸奶营养价值差别的标准回答中，酸奶是指国家标准中的酸乳或发酵乳，而风味酸乳、风味发酵乳不能套用那个回答！

那么，现实中我们通常买到的酸奶属于上述四种酸奶中的哪一种呢？让我们来看几个例子：

第一款：配料为生鲜牛奶、嗜热链球菌、保加利亚乳杆菌、食品添加剂〔阿斯巴甜（含苯丙氨酸）〕。每100克酸奶含蛋白质2.7克。这一款酸奶用的原料是生鲜牛奶，菌种符合酸乳要求，添加了阿斯巴甜，蛋白质含量2.7%。这是一款只添加了甜味剂和水的风味酸乳。

第二款：配料为生牛乳、白砂糖、乳清蛋白（粉）、嗜热链球菌、保加利亚乳杆菌、乳双歧杆菌、嗜酸乳杆菌。每100克酸奶含蛋白质2.9克、碳水化合物12.9克。这款酸奶是风味酸乳，它被添加了乳清蛋白粉，使蛋白质的含量达到2.9%，远远超过国家标准的要求，但是，它被添加了大量的白砂糖，使得酸奶中糖的含量高达12.9%，比碳酸饮料的还高。

第三款：配料为生牛乳、白砂糖、食品添加剂〔羟丙基二淀粉磷酸酯、明胶、果胶、阿斯巴甜（含苯丙氨酸）、安赛蜜〕、保加利亚乳杆菌、嗜热链球菌。每100克酸奶含蛋白质2.6克、碳水化合物9.3克。这款酸奶是风味酸乳，被添加了白砂糖、增稠剂和甜味剂，9.3%的碳水化合物中有少量来自增稠剂（羟丙基二淀粉磷酸酯、明胶和果胶），多数碳水化合物来自糖，但糖的含量比前一款的稍低。

第四款：配料为鲜牛奶、白砂糖、乳清蛋白粉、食品添加剂（明胶、果胶、羟丙基二淀粉磷酸酯、安赛蜜、三氯蔗糖）、嗜热链球菌、保加利亚乳杆菌。每100克酸奶含蛋白质2.8克、碳水化合物10.6克。这一款是风味酸乳，添加了白砂糖、乳清蛋白粉、增稠剂和甜味剂，多数碳水化合物也是来自糖。

市场上的酸奶大多数就是以上类型的风味酸乳。第一款只添加了甜味剂和水，在营养组成上与牛奶的一样。这一款产品，符合本文开头的标准回答中对牛奶和酸奶的营养价值比较——与牛奶相比，第一款酸奶的营养成分与牛奶的一样，其中的活细菌或许还能有一点儿额外的好处。后面的三款酸奶都添加了糖、乳清蛋白粉、增稠剂和甜味剂中的一种或者几种。乳清蛋白粉增加了营养价值，增稠剂和甜味剂不增加营养价值，只改善风味和口感，而白砂糖降低了产品的营养密度，我们可以认为加入白砂糖降低了营养价值。

我试图找到理论上的酸奶——即用纯牛奶发酵、不添加糖以及其他成分，但没有找到。因为这种理论上的酸奶风味不佳，不进行调味的话多数人无法接受，所以很少有厂家生产。

所以，结论就是：现实中的酸奶基本上都是风味酸乳，其营养价值与纯牛奶相比是高还是低，不能一概而论，需要看其中添加了什么成分。一般而言，增稠剂和甜味剂不改变营养价值，应该关注的指标是添加的糖——糖加得越多，整体的营养价值就越低。如果进一步考虑在现代人的食谱中糖是一个重要的风险因素，那么风味酸乳中添加的糖，足以抹杀乳酸菌发酵带来的所有可能好处。

最后，还有两类与酸奶有关的产品：

一是常温酸奶。上面所说的各类产品都可以进行加热灭菌处理而成为常温酸奶，常温酸奶不需要冷藏也可以保存很长的时间。如果很看重活细菌的价值，那么常温酸奶的营养价值不如相同配方的常规酸奶；如果认为那些活细菌所谓的保健功效并不靠谱，食用酸奶只是为了获取牛奶本身的营养，那么常温酸奶与常规酸奶也就没什么区别。

二是酸奶饮料，包括酸性乳饮料、乳酸饮料、乳酸菌饮料等——它们是饮料而不是奶。这些饮料有的含有活细菌，有的则不含，它们的共同特征都是只有30%左右的牛奶成分，蛋白质只要求≥0.7%。与酸奶或者牛奶相比，它们的营养价值就可想而知了。

把肉加热到多少度才算熟

一场“吃过桥米线中的猪肉是否会导致旋毛虫感染”的争论，让许多人思考这个问题：猪肉，或者其他的肉，到底要加热到什么程度才算熟呢?

实际上，熟是一个很模糊的概念。一般来说，当我们说肉熟了，通常会有两方面的要求：一是肉变软了，好嚼了；二是肉中的寄生虫和致病细菌被杀死了，我们可以安全食用了。这二者并非同时发生。前一条要求，完全取决于人们的主观感受，有些肉，比如里脊、鱼肉等，即使不加热也能满足软、好嚼的要求，有时候风味甚至更好。所以，在食品技术里，关于熟的这两个方面，人们是分开考虑的。前者，是口感和风味的问题，与食物的色、香、味等一起考虑，而后者，则是食品安全的问题，是食品技术中至关重要的控制目标。

下面我们讨论的熟，是后一条要求，也就是：肉需要加热到什么程度，才可以安全食用?

猪肉中的不安全因素

过桥米线的安全之争起源于对旋毛虫的担心。旋毛虫是猪肉中最重要的寄生虫，在历史上曾造成大量的感染病例。20世纪50年代之前，美国每年有几百起旋毛虫感染病例，死亡数高达几十人。中国的云南地区是旋毛虫病的高发区。

旋毛虫感染需要两个条件：猪被旋毛虫感染和猪肉没有被充分加热。也就是说，不是所有的猪肉里都有旋毛虫（或其幼虫）。美国后来对养猪场的所有饲料都进行了规范化，美国每年感染旋毛虫的病例于是大幅减少了。20世纪90年代，美国每年感染旋毛虫的病例减少至10起左右，而且主要是野味、“自家养的猪”或者“直接从猪农手里购买的猪肉”导致的旋毛虫感染（小型猪场可以不遵守政府的规范）。

不管是在美国还是在中国，商品猪肉都要经过检疫才能进入市场。只要检疫操作得到了认真执行，那么检疫合格的猪肉就不会有旋毛虫。

其实，旋毛虫只是猪肉中重要的不安全因素，并不意味着是最难消除的。与其他食品一样，猪肉中还可能存在其他种类的寄生虫或者致病细菌，常见的有沙门氏菌、大肠杆菌、金黄色葡萄球菌等。这些细菌的杀灭温度往往比旋毛虫的还要高一些。有些细菌还能产生毒素，某些毒素即使在开水中被煮过，也不容易失去活性。对于这些不安全因素，最有效的措施还是从源头上控制猪肉的质量。如果要以“万一质量监管没有到位”来作为不吃的理由，那么即使是充分加热的猪肉也可能不安全。

应该把猪肉加热到多少度

在食品安全中，我们并不能指望单独通过某一道程序来保证百分之百的食品安全。一种食品出现问题，除了检疫疏漏的问题，还有检验之后重新被感染的可能。旋毛虫不会被重新感染，但是各种致病细菌在任何阶段都有可能进入肉类产品中。

这次引发争论的旋毛虫（或其幼虫）的杀灭温度其实比较低。60℃加热一两分钟就可以杀死旋毛虫，而一旦温度达到62.2℃以上，就可以瞬间将旋毛虫杀死。当然，出于安全起见，我们会建议加热到更高的温度。

相对于旋毛虫，其他致病细菌的杀灭要难一些。美国农业部以前的推荐是，把猪肉加热到160℉（约等于71.1℃）。后来，他们把这一推荐改成了达到145℉（约等于62.7℃）后保持3分钟。他们认为，这两种做法都可以充分杀灭猪肉中的寄生虫和致病细菌。

杀灭温度的含义

在关于过桥米线的争论中，人们起初在很长时间里都是在争论汤的温度。其实这只是问题的一个方面——不管云南的水沸点是95℃、94℃还是92℃，或者汤上桌的时候温度是85℃或者76℃，或者下完肉1分钟之后汤的温度是76℃或者70℃，都远远高于杀灭旋毛虫所需要的62.2℃。

不过，这个温度并不是安全温度。因为不管是烫、煮还是烤，肉内部的温度都是逐渐升高的。我们关心的是整个肉中还有没有旋毛虫或者致病细菌存活，所以需要考虑的是肉中温度最低的部位的具体温度。在一片肉中，温度最低的部位就是厚度上的中间位置。

我们都有这样的经验：一大块肉，外面熟了，里面还是生的；涮肉的时候，肉片下到锅里，基本上立刻就变白了。原因就在于，肉是固体，热量从外往里传递是热传导过程。热传导的效率通常比在液体中传热的对流方式要低得多。肉越厚，中心部位达到杀灭温度所需要的时间就越长。在美国，许多家庭的厨房中都备有金属热电偶温度计，这种温度计可以插到肉中，监测达到的温度。这也就是美国人遵循美国农业部推荐控制温度的可行性。中国人很少使用这样的测温方式，更多的是通过经验来判断火候。

对于大块的肉，使用热电偶温度计测温，测量起来既简单又准确；对于薄薄的肉片，一般的温度计就无能为力了。不过，作为一种估计，我们可以对此进行数学模拟计算。经过这样的计算，对于一两毫米厚的肉片，只需要将之放入汤中加热几秒钟，肉片中心的温度就能接近汤的温度。这个加热时间随着肉片厚度的增加而增加。

这几种吃法是否安全

过桥米线：按照过桥米线的规范做法，汤上桌的时候温度应该很高，一般在80℃以上。有记者实测的一个样品是76℃。即使汤的温度是76℃，肉片加入之后，汤的温度还是需要一定的时间才会降低。这个“一定的时间”只有几秒，正是肉片温度升高的时间。如果肉片比较薄（比如不超过2毫米的一般要求），把肉片放入汤锅中1分钟之后，肉片中心的温度应该会超过62.2℃。这个温度对于杀死旋毛虫来说是足够了。不过，安全问题不能卡点，而需要留有一定的弹性空间，所以我们通常会建议使用更高温度的汤。

火锅涮肉：火锅涮肉的情况与过桥米线的烫肉类似。不过，火锅中的汤一直保持沸腾状态，汤的温度也就可以保持在90℃以上。对于肉片来说，只要不是好几片粘在一起，这种温度杀死肉中的细菌基本上没有问题。火锅中需要注意的食材是海鲜类食品，其厚度远远大于肉片，如果煮的时间太短，其中心温度很有可能达不到杀灭温度。

煎牛排：半熟的牛排中心留有血色，人们在烹饪时特意不让牛排的中心温度达到杀灭寄生虫和致病细菌的杀灭温度。半熟牛排的致病风险是很大的。牛排的安全性主要不是靠加热来保障，而是依赖于肉本身的安全性。也就是说，能够用于煎牛排的肉，必须是经过严格检疫和严格卫生操作的。在美国的许多餐馆，菜单上的牛排一栏下面都会有“加热不充分，存在致病细菌感染风险”之类的警示字样。

任何食物都无法实现绝对安全，因为某种食物可能存在风险就不吃，那么基本上就没有可吃的食物。食品科学的目标是找出导致风险的因素，进行积极有效的控制，从而把风险尽可能地降低。比如猪肉，对于普通大众来说，可以记住一条简单的原则：

达到安全温度的肉，不一定变白了，但是如果肉片的中心已经变白了，那么就达到了安全温度。所以，去吃云南米线的时候，不必带着温度计，也不必带着秒表，只需要看看肉片的中心是否变白了就可以。

“蛋白质变性”无损营养

我们经常听到这样的说法：“不要用开水冲奶粉，这样会使蛋白质变性，破坏了营养”“什么和什么不能一起吃，否则会导致蛋白质变性，影响吸收”。

许多人听到“蛋白质变性”这个词，往往下意识地与“变质”联系起来。实际上，对于食物中的蛋白质来说，“变性”不仅不是坏事，多数情况下还是有利的。

包括人类在内的各种生命体，其存在都依赖于蛋白质的活动。氨基酸是组成蛋白质的基本单元，通常有二十种。这二十种氨基酸按照特定的顺序连接起来，就构成了不同种类的蛋白质。组成蛋白质的氨基酸少则几十个，多则几百个甚至更多。

这些氨基酸组成一条长链，就像许多人手拉手一样。不过，不相连的氨基酸之间还可能发生联系，有的互相吸引，有的互相排斥，这些吸引与排斥又受到相邻氨基酸的牵制和空间的限制。总之，最后，氨基酸长链就形成了一个特定的造型，就像搭好的积木，或者一群手拉着手的人摆成的一个图案。

在生命活动中，这样的造型或者图案叫作蛋白质的空间结构。

它们对于蛋白质开展工作至关重要。失去了恰当的空间结构，蛋白质就失去了功能，从生物化学的角度来说就是它“变性”了。

蛋白质变性会导致蛋白质失去功能，所以许多人担心食物中的蛋白质变性了就没有营养了。其实，这完全是一种误解。

人体每时每刻都在进行着生命活动，生命活动需要蛋白质的参与。这些蛋白质是人体自身合成的，不能直接从食物中得到。食物提供的，只是合成蛋白质的原料——氨基酸。我们吃下蛋白质，消化液中的蛋白酶把蛋白质切成一个个小片段。一般情况下，只有这样的小片段才能穿过血管壁，进入血液，然后被血液运送到各处的细胞中，在那里重新组装成人体需要的蛋白质。

不难看出，衡量蛋白质的营养，关键是它能提供什么样的氨基酸。人体对不同氨基酸的需求量并不一样，有的需要得多，有的需要得少，有的并不需要。不同食物的蛋白质的氨基酸组成往往并不相同，与人体的需求也不一致。有的蛋白质的氨基酸组成与人体的需求比较一致，所以在满足人体需求的时候效率高，这种蛋白质被称为优质蛋白。一个普通成年人每天需要摄入的氨基酸大约可以通过50克优质蛋白来提供。如果只吃一种蛋白的话，那么牛奶或鸡蛋或大豆蛋白这些优质蛋白只需要50克就够了。牛肉、猪肉就稍微差一点，需要多摄入10%左右。面粉中的面筋蛋白因为赖氨酸含量不足，需要摄入200克才能满足人体对蛋白质的需求。这200克面筋蛋白中会有大量人体不需要的氨基酸，同样需要被人体处理，所以反而增加了人体的代谢负担。

这主要是从人体得到的氨基酸角度来说的。那么，蛋白质变性会不会影响消化吸收，从而影响到氨基酸的获得呢？这一问题可以分为三种情况来回答。

第一种，通过加热来变性。许多蛋白质的天然结构是紧密的球状，蛋白酶不能深入其内部，只能逐渐地从外向内消化。如果先进行加热，那么这种紧密的球状结构就会被打开，紧密的球状变成松散的链状，大大方便了蛋白酶的工作，提高了消化速度。人类已经有充分的经验知道熟肉比生肉好消化，蛋白质变性正是其中的关键。

第二种，被酸变性。蛋白质的存在状态与环境的酸度密切相关，许多食物的蛋白质在酸性条件下会凝结。把牛奶或者豆浆加到果汁中，我们往往会看到有沉淀物生成，许多人也因此而担心蛋白质不能被吸收。其实，牛奶或者豆浆到了胃里，也会被胃酸变性凝结。凝结的结果，是降低了蛋白酶的工作效率。不过，只要时间够长，蛋白质还是会被消化掉的。牛奶中的酪蛋白是一个典型，它进入胃里后会凝结成块，消化速度很慢，但是它还是会被消化吸收的，最终提供氨基酸的效率同样很高，所以是优质蛋白。

第三种，严格来说不是变性，而是蛋白质与其他成分形成了复合物。有的复合物能够被消化分解，比如牛奶蛋白与茶中的抗氧化剂结合之后，到了消化道又会分开而被吸收，但有的复合物太过顽固，就不能被人体吸收了。典型的例子是蛋白质与单宁的结合。如果这种复合物大量生成，甚至会阻碍消化道，从而使人体产生不适反应。最典型的例子是，没有成熟的柿子中单宁含量很高，如果人将它与高蛋白食物一起吃，就会生成大量不能被消化的复合物从而导致腹痛。

总的来说，任何食物的蛋白质，都要经过消化吸收才能被人体利用。消化的过程，可以算是一种彻底的变性。通常食物加工中的蛋白质变性，尤其是被加热导致的变性，完全无损营养，甚至还有助于消化。

有没有“清肺食物”

每当雾霾天气肆虐时，社交媒体上就开始传播各种“清肺”流言，比如有一条微博这样推荐“清肺食物”：“持续的雾霾天气会损伤肺脏，除了减少出行、戴口罩，适当的饮食也能达到清肺的效果。白萝卜治痰多咳嗽；雪梨炖百合、银耳莲子羹润肺抗病毒；罗汉果茶清肺降火；木耳、葡萄、紫甘蓝滋阴润肺。特别推荐鸭血和猪血，清肺效果最棒！”

事实上，“清肺”这个概念来源于传统医学。每次牵涉传统医学，都会有中医爱好者指出“传统医学里说的肺不是解剖学上的肺”。所以，在分析关于清肺的流言之前，我们有必要先界定一下话题：流言中所针对的是空气污染对身体的损害，大多数人说到这个话题时，指的是空气中的粉尘对“解剖学上的肺”所产生的“现代医学意义上的损害”。至于老祖宗如何定义“肺”以及他们的“清肺”指的是什么、是不是有效，不在我们的讨论范围之内。

空气粉尘如何影响健康

粉尘是空气污染的主要因素。除了浓度，颗粒大小是粉尘污染的关键因素，颗粒越小，危害越大。直径大于10微米的颗粒可以被鼻腔内的纤毛拦截，而小于此数值的颗粒则可以被吸入。通常所说的PM10，指的就是空气中直径小于10微米的颗粒物。

10微米是一个很小的尺度。人的头发直径大约是50～70微米。也就是说，如果把一根头发分成5～7份，每份的平均厚度才小到10微米。直径小于10微米的颗粒能通过呼吸进入肺部，所以被称为“可吸入颗粒”。

直径小于2.5微米的颗粒还能进一步到达肺的细支气管，并沉积在那里。这些沉积物会影响肺里的气体交换，导致各种呼吸道疾病，甚至肺癌。

2.5微米的颗粒实在很小，要把一根头发切成20～28份，每份的平均厚度才能与其直径相当。因为它的危害巨大，所以人们在进行空气质量监测时会专门测量空气中直径小于2.5微米的颗粒含量，这就是大家熟知的PM2.5。

2.5微米的颗粒会留在肺里。那些小于0.1微米的颗粒，还可以进一步穿过肺泡进入血液，并随着血液流窜到其他器官，包括脑中。它们沉积在血管中会导致血管硬化，从而危害心血管健康。

食物能否影响吸入的粉尘

这些粉尘对人体的影响主要来自物理作用。要想清除它们，就得让“清洁工”与它们见面。食物通过消化道进入体内，经过胃肠，大分子被消化分解成小分子。与食物中的其他小分子一样，这些小分子穿过小肠绒毛进入血液，然后被运送到人体各处的细胞中。

对比粉尘颗粒物与食物在体内的动向，我们会发现食物与那些直径大于0.1微米的颗粒完全没有见面的机会，自然也就无法清除它们了。那些进入血液的极其细小的微粒，在食物的小分子面前依然是庞然大物。虽然在逻辑上不能排除“老鼠打败大象”的可能，但因为没有实验证据，所以试图靠食物的小分子去清除粉尘只能是美好的想象罢了。

黑便是“排了毒”或者“清了肺”吗

在一些想当然的说法中，某种食物能“清肺”的“依据”是吃了它之后大便会变黑。类似的说法还出现在各种“排毒食物”或者保健品的宣传中。这些说法认为，吃下某种食物导致黑便，就说明那种食物“起作用”了。

大便的颜色确实与人们吃进肚子里的食物有关，在临床上医生也可以通过大便的颜色与质地来做出一些推测。出现黑便最常见的原因之一是消化道出血，尤其是消化道溃疡或者消化道癌症引起的消化道出血。通常，因为这样的原因而引起的黑便会黏而臭。

除此之外，吃下一些食物、膳食补充剂或者药物也能导致黑便。比如服用铁补充剂，通常会导致黑便。

吃动物血清肺差不多是全中国人都知道的“偏方”，但我们查不到这个偏方的临床依据。或许只是有人吃了猪血、鸡血或者鸭血后导致了黑便而被认为“清了肺”，于是吃动物血清肺的说法便流传开来。动物的血中含有较多的铁，如果真的出现黑便，倒也算正常。不过，这种现象与“清肺”毫无关系。

有人对吃动物血或者其他食物“清肺”的解释是：“该食物中含有某某成分，对人体有某某作用，所以食用这种食物可以保证‘排出有毒有害物质’‘增强免疫力’，从而减轻空气污染对身体的伤害。”这种大而空的理由没有任何价值。每一种人体需要的营养成分都有这样的作用，比如不喝水或者不吃饭，人就会生病甚至死亡，自然也就无法抵抗粉尘的危害。按照这种推理方式，我们甚至可以得出“水和饭都可以清肺”的荒谬结论来。

那些所谓的“清肺食物”

除了动物血之外，一些传言中所提到的“清肺食物”有梨、冰糖、银耳、萝卜等。现代医学中并没有“清肺”这个概念，这些所谓的“清肺食物”，据说清的是“传统医学上的肺”。

传统医学里的“清肺”，一般是指减缓与呼吸道有关的病症，比如咳嗽、痰多等。一些药物和食物对减缓这些症状有帮助，所以就被人们称为“清肺食物”或者“清肺药物”。古人在提出“清肺”这个概念，开出“清肺食谱”或者“清肺药方”的时候，大概还意识不到空气污染。传言中的那些食物能否减缓某些呼吸道病症我们在这里不讨论，但这种“清肺”在概念上就与解决空气污染伤害的“清肺”不是一回事。

食物清肺只是一种美好的愿望。任何一种食物，都无法清除或者减轻空气中的粉尘污染物对肺的影响与伤害。“清肺食物”“清肺保健品”，都只是新兴的忽悠产品而已。热衷于“清肺食物”，不如给自准备一个合格的口罩。

生的菜，熟的菜，哪个更容易变坏

在日常生活中，我们经常会遇到这种情况：做菜时准备好了原料，临到下锅时才发现量太多了，一顿可能吃不了。那么，这个时候，我们是该把剩下的原料放到下一顿再做呢，还是干脆做好了再存放？换一种说法就是：如果必须将食物存储一定时间再食用，那么食物是生的容易变坏呢，还是做熟了容易变坏？

生食和熟食如何变坏

众所周知，食物变质的主要原因是细菌的生长。

细菌的生长需要三个方面的条件：一是菌种，食物中最初所含的细菌越多，就越容易变坏；二是温度，这里我们只考虑把食物放在冰箱里冷藏，就不讨论温度的影响了；三是食物的状态是否利于细菌获得养分。

生的食物中都有一些细菌，多数细菌会在食物被做熟的过程中被加热杀灭，但一些顽强的细菌会存活下来。在冷藏过程中，这些细菌的生命活动只是被抑制了，但并未停止，只是慢慢地生长。如果食物存放的时间足够长，食物中的细菌还是能增加到危害健康的地步，也就是通常说的变坏了。

就生和熟对保存的影响而言，肉类和蔬菜不同

蔬菜的表面有一层角质层，对内部细胞有一定的保护作用。另外，蔬菜虽然离开了土壤，但它的新陈代谢并没有停止，还可以继续产生自我保护的物质，对于细菌侵袭有一定的抵抗能力。当蔬菜被做熟后，这些保护机制就被破坏了，从而导致它们更适合细菌的生长，但是，做熟的过程也杀灭了大部分细菌，使得蔬菜中的菌种大大减少，这是有利于保存的因素。所以，生的蔬菜和熟的蔬菜到底哪个更便于保存，也就难以一概而论了。比如两种极端的情况：将准备多了的蔬菜做熟，熟的蔬菜变坏所需的时间会比生的蔬菜要短；如果是做熟的蔬菜罐头，放上几个月甚至几年也不会变坏。

不过，考虑到日常生活中无法做到罐装食物那样的无菌保存，而且烹饪之后保存的蔬菜风味和口感往往比较差，合理的选择是，如果蔬菜准备多了，最好是放到下一顿再烹饪。

肉类食材则不同。肉类食材，包括猪牛羊肉、禽类和水产，不具有蔬菜那样的保护机制，不管是生的还是熟的，肉类食材都很适合细菌生长。生的肉类食材中所含的细菌比较多，所以将它们烹饪加热后有助于保存。

加之考虑到烹饪后保存对肉类食材的风味和口感没有那么大的影响，很多时候经过烹饪的肉类食材放一段时间后甚至更加入味，所以合理的选择是，如果肉类食材准备多了，最好是做好了

再保存。

关于食材保存的一些建议

关于食材的保存，大家要牢记冰箱的冷藏室不是食品安全的保险箱，它只适合临时存放食物。不管是肉类食材还是蔬菜，不管是生的菜还是熟的菜，保证食品安全的根本原则都是尽量减少存放时间！

肉类很容易变坏，保存时需要注意以下几点：

1. 如果买来时有原始包装，尽量不要打开，放到使用时才去掉包装。

2. 美国FDA建议，生的猪牛羊肉的冷藏时间不超过3～5天，禽类和水产不超过1～2天。当然这个建议比较保守，但可以给大家作为参考。

3. 如果需要保存的时间较长，建议冷冻保存。

4. 如果烹饪之后冷藏，建议烹饪之后趁热密封，立即放进冰箱。

5. 有些高档冰箱的冷藏室中还有一格可以把温度控制到0℃。用它来保存肉类，可以获得更长的保存时间。

生的蔬菜相对而言不容易变坏，保存时需要注意以下几点：

1. 蔬菜中的维生素和多酚类化合物等成分会在保存中流失，即使蔬菜没有变坏，其营养价值也下降了。所以，即使是蔬菜，也应该尽量减少保存时间。

2. 不要把蔬菜和水果放在一起。水果会释放乙烯，促进蔬菜“变老”。

3. 洗过或切好的蔬菜更容易变坏，应尽快烹饪。

4. 如果需要冷藏烹饪过的蔬菜，同样应该烹饪之后趁热密封，立刻放进冰箱。

热菜能否被直接放入冰箱，全看你为谁着想

当我们存放剩菜的时候，如果菜还是热的，我们是将菜直接放入冰箱呢，还是等菜放凉了再放进去？这是生活中的一个小细节，仔细探究起来非常有意思。

对于这个问题，人们有两种截然不同的答案：有人说应该直接放进去，有人说不能直接放进去，而应该先把菜放凉了再放进去。

在回答“热菜能否被直接放入冰箱”这个问题之前，我们先来看看从菜出锅盛盘到下一次被从冰箱里拿出来的过程中发生了什么。

食物中可能含有致病细菌，加热是杀死细菌的有效手段。对于大多数食物，我们都需要做熟了吃——杀灭致病细菌，是把食物做熟的主要原因之一。有的细菌很顽强，通常的烹饪方法并不能把它们全部杀光，尤其是在那些快速炒熟的菜中，可能会有相当多的细菌“度劫”成功。

当我们把菜炒好放凉时，空气中的一些细菌可能会掉在食物上。当食物的温度降到60℃以下时，食物中的细菌就开始生长了；当食物的温度降到30℃～40℃时，细菌们就会很愉快，生长起来简

直像是星火燎原；当温度降到7℃时，大多数细菌消停下来，进入“休眠”状态。我们把食物放进冰箱，就是利用冰箱里的低温（一般冷藏室的温度在4℃左右）来抑制细菌们的生长。

需要知道的是：第一，冰箱的温度并不能杀死细菌，只是抑制了其生长；第二，“抑制”也不是“制止”，依然有一些“吃苦耐劳”的细菌能够在冰箱里生长。

所以，用冰箱保存食物，需要注意两点：1. 尽量减少食物中的细菌；2. 尽量缩短保存时间，在那些顽强的细菌成气候之前把食物吃掉。

“把热菜先放凉再放进冰箱”给细菌提供了生长的时间

与将热菜直接放进冰箱相比，热菜在空气中需要更长的时间才能放到凉。这样，适于细菌生长的时间就会更长。细菌的生长速度很快，在最适合的温度下，有的细菌不到半个小时，其数量就能增加一倍。

也就是说，“把热菜先放凉再放进冰箱”与“把热菜直接放进冰箱”相比，前者降到相同温度时食物中含有的细菌会比后者的更多。

同样是把菜放进冰箱里保存，“先放凉”的菜中因为初始细菌更多，所以从冰箱里拿出来食用时细菌会更多。

“把热菜直接放进冰箱”会增加冰箱的“负担”

冰箱的功能是通过制冷系统的运转，把食物中的热量带走，从而把食物的温度降到冷藏温度，然后再保持冷藏温度。需要带走的热量越多，冰箱的负担就越大，所消耗的电也就越多。此外，如果热菜没有被密封，会有大量的水汽蒸发，然后凝结在冰箱的冷凝管上，进而影响冰箱的运行。这就是许多人认为“不能把热菜直接放进冰箱”的理由。

不过，冰箱的负担并不仅仅取决于食物的温度，还取决于需要带走的热量。需要带走的热量由食物的温度、比热容和总量决定。同样一盘菜，总量是一样的，为了简化讨论，我们假设比热容不随温度的变化而变化，于是需要带走的热量就由菜的温度决定。假设热菜的温度是80℃，放凉之后是30℃，而冰箱的冷藏温度是5℃，那么需要将前者降低75℃才能达到冷藏温度，而后者只需降低25℃。很显然，前者给冰箱带来的负担是后者的3倍，当然，这个负担在二者都达到冷藏温度之后就不存在了。

3倍这个数字听起来挺大的，你可以换一个角度来思考：同时放入3盘放凉的菜，给冰箱带来的负担是只放入一盘热菜的3倍；如果一盘菜有1斤重，那么放入一个10斤的西瓜给冰箱带来的负担可能要超过1斤重的一盘菜的10倍（西瓜含水量高，比热容可能比一般的菜要大）。

也就是说，如果放入一个西瓜不会对你的冰箱造成伤害，那么放一两盘热菜也不会；如果放入一个西瓜会让你的冰箱负担过大，那么你买到的应该是伪劣冰箱——不妨收集好证据，去索赔！

此外，需要提醒的是：不管是热菜还是凉菜，我们都应该将菜密封好（用保鲜膜封口就可以），再放进冰箱。这样做不仅可以避免水汽蒸发到冷凝管上凝结成霜，还可以避免空气中的细菌落入菜中。

到底应该直接放还是放凉了再放

从前面的分析中我们不难看出，将热菜直接放进冰箱会略微增加冰箱的负担，多消耗一点点电，但都在冰箱的正常运行范围内；将热菜放凉了再放会导致食物中的细菌增加，不过如果剩菜在冰箱里存放的时间不长（比如一两顿之后就吃掉），那么增加的这些细菌也在可以接受的范围内。

也就是说，为冰箱着想，应该将热菜放凉了；为自己的健康着想，应该直接将热菜放进冰箱。不管选择哪一种，都需要承担各自带来的弊端——当然，各自的弊端也都在可接受的范围之内。

如果烹饪好的食物需要保存比较长的时间——比如有的人做一次菜吃好几天，那么就必须考虑细菌问题。在商业化的食品生产过程中，那些加热之后依然需要冷藏的食物，就必须快速降到冷藏温度。在对这类食品进行风险分析时，加热之后的包装温度和降温时间，都是至关重要的关键点——如果降温速度不能达到监管机构的要求，生产厂家就拿不到生产许可证。

“致癌物”与“抗癌食物”的真正含义

“致癌”是个可怕的词，所以有人劝别人不要吃某种食物，就会说吃了那种食物“会致癌”——而人们通常对于危害存在着“宁可信其有”的心态，听了此说法之后，自然对那种食物敬而远之。当然，有人要想推销某种食品，就说它“含有某某成分，而某某成分具有抗癌作用”——任何一种生物肯定会含有一些“能抗癌”的成分，至于有多大用，通常容易被忽悠的人是不会去探究的。

实际上，癌症的发生是非常复杂的事情。基因、环境、生活方式等，都会对癌症的发生产生影响。现代科学发展至今，各国政府每年投入天文数字的经费，无数科学家前赴后继，但人们对各种癌症的发生原因的认识还是一团乱麻。实在要总结一下的话，那就是任何一种癌症都存在着多种致病原因，但没有任何一种原因会必然导致癌症的发生；一个人得了癌症，也很难归结为某一个具体的原因。这就为那些所谓的“专家”们对“致癌”原因的分析留出了随意解读的空间。我们经常在媒体上看到这样的报道：“某女大学生得了某某癌症，专家认为这是因为她经常吃某某食物所致。”只要那种食物是人们通常所说的“垃圾食品”，“专家”的说法便会得到大家的认同并被广泛传播。

事实上，所谓某种食物“会致癌”，并不是“吃了它（或者接触了它）之后就会得癌症”，而是“得癌症的可能性增加了”——这种增加，多数情况下是感觉不到的，只有通过大样本的调查数据，或者高剂量的动物实验，才能体现出来。比如吃咸鱼与患鼻咽癌的关系，不吃咸鱼的人患鼻咽癌的风险是十万分之几，从小经常吃咸鱼的人患鼻咽癌的风险为万分之几，即使是万分之几，仍然是很小的可能性。十万分之几的发生率和万分之几的发生率的区别，并不能被人们的生活经验所感知。国际权威机构对致癌物的分级，描述的是物质与癌症关系的证据确凿程度，而不是描述物质致癌能力的强弱。比如咸鱼是“1类致癌物”，只是说它能“增加人类致癌的风险”这个事情证据确凿，并不能表示它会增加多少致癌风险。

蕨菜致癌的情况与此类似。某项流行病学调查发现两个地区的生活方式比较接近，其中一个地区盛产蕨菜，而该地区的消化道相关癌症的发生率明显高于另一个地区。基于这些数据，科学家们提出了蕨菜致癌的假说。此后的动物实验支持了该假说，而科学家们的进一步研究分离出了致癌成分——原蕨苷。

不管是蕨菜还是蕨根粉，因为其中含有原蕨苷，说它们具有致癌性没有问题，但这与它们有多大的致癌风险是两件事。在盛产蕨菜的地区，除了蕨菜中含有原蕨苷，水、牛奶等食物中也含有原蕨苷，这样便增加了该地区居民的致癌风险。在其他地区，偶尔吃吃蕨菜或者蕨根粉，增加的风险并不比炒菜时产生的油烟，或者被迫吸入的“二手烟”的致癌风险更大。

解释“增加致癌风险”并不等于“一定会得癌症”，并不是说我们应该对这样的致癌风险视而不见，也不是说不用在意这样的致癌因素。我们的生活中充满了致癌因素，有的致癌风险很高，有的比较低。科学研究致癌因素的价值在于确认它们的风险与“暴露剂量”的关系，再来评估避免这些因素需要付出的代价。如果可以避免，或者付出的代价比较小，那么再小的风险我们也应该去避免；如果无法避免，或者消除风险需要付出的代价太大，我们就只能把它们控制在“风险可接受的范围之内”。比如牛奶中的黄曲霉毒素是黄曲霉素M1，而花生、玉米、大豆、干果等食物中的黄曲霉毒素是黄曲霉素B1，后者的致癌能力是前者的10倍。因为牛奶中的黄曲霉素M1很容易被控制到很低，所以国家标准规定的限量是0.5ppb（1ppb是十亿分之一）。如果要求花生和大米中的黄曲霉素B1也达到这个限量（即便达到这个限量，其致癌能力也是同等量牛奶的10倍）——在法律规定上可以做到，但那将意味着几乎所有的花生和大米都难以合格，而这样的代价无疑是社会无法承担的。所以，在权衡现实与风险的关系之后，国家标准将花生中的黄曲霉素B1限量定在了20ppb，而大米则是10ppb。换句话说，如果牛奶、花生和大米制品中的黄曲霉毒素都在国家标准限量的上限的话，那么花生和大米制品的“致癌风险”分别是牛奶的400倍和200倍。

“抗癌性”的含义与“致癌性”的类似，它的意思并不是说吃了某种食物就能避免癌症，更不是说吃了它就能治疗癌症。它是指长期食用足够量的某种食物，能使某些癌症的发生风险降低一些。实际上，目前所说的那些“抗癌食物”，其对癌症风险的降低并不像“致癌物”增加风险那样证据确凿，仅仅是流行病学调查的发现以及获得了特定条件下的细胞实验或者动物实验的支持。这样的结果，未必能够在人体上体现，而且即使有效，所需食用的量也是多数人难以长期坚持的。严谨的科学机构不会推荐人们食用某种特定的“抗癌食品”，而是把那些所谓的“抗癌食品”作为全面食谱的组成部分。比如美国癌症研究协会推荐，食谱中三分之二以上的食物来自植物——在合理的食谱和生活方式之下，癌症的发生风险能降低三分之一。

“致癌物”和“抗癌食物”是食品营销中的“黄金搭档”——某些商家常常用“致癌物”来吓唬消费者，然后用“抗癌食物”来破除。作为消费者，我们应该知道这些原则：如果有人谈论“致癌物”时，只说“致癌”却不说明致癌风险与剂量之间的关系，那么他们谈论“致癌物”的目的基本上便是吓唬公众吸引眼球；如果有人谈论“抗癌食物”时，只说“能抗癌”而不说明食用量与风险下降之间的关系，那么我们就不要把那种“抗癌食物”太当真。

胆固醇的来来去去

最新的《美国膳食指南》取消了对高胆固醇人群的饮食限制，这是基于对于胆固醇吸收代谢的新认知所做的修正。这一修正被一些人理解为“不用担心胆固醇”了，这种理解是完全错误的。不用担心的是“食物中的胆固醇”，而不是“血浆中的胆固醇”。血浆中的胆固醇，尤其是低密度脂蛋白胆固醇（即通常说的“坏胆固醇”），依然是心脏病的风险因素。对于高胆固醇的人群来说，降低血浆中的胆固醇（尤其是坏胆固醇），是维持身体心血管健康的关键之一。

为了说明我们该从哪些地方入手降低体内胆固醇的含量，我们从胆固醇在体内的来来去去说起。

胆固醇在人体内的平衡

胆固醇具有重要的生理功能，人体的细胞能够自己合成胆固醇。一个成年人每天大约合成1克胆固醇，另外吃进零点几克的胆固醇，体内的胆固醇总量则在35克左右。

一部分胆固醇会随着血液循环被运送到肝脏，在那里被转化成胆汁，分泌到胃里帮助消化，然后随着食物到达小肠，大部分又被吸收进入血液，小部分被食物残渣带走。

这样，人体血浆中胆固醇的含量就取决于三个方面：从食物中吸收的胆固醇、人体自己合成的胆固醇以及在消化道中被带走的胆固醇。若想降低血浆中的胆固醇，可以从以下三个方面着手。

食物中吸收的胆固醇影响很小

因为食物中含有胆固醇，所以以前的膳食指南都限制摄入高胆固醇的食物，从而减少从食物中吸收胆固醇的量。后来，越来越多的研究发现，食物中的胆固醇处于酯化状态，被吸收率很低。另一方面，人体内胆固醇的合成会受到吸收的影响——如果吸收得多，人体合成胆固醇的量就会下降。所以，即使食物中含有较多的胆固醇，对于人体胆固醇的平衡影响也不大。因此，最新的《美国膳食指南》不再限制从食物中吸收的胆固醇的量。

如何减少体内胆固醇的合成

根据目前的统计数据和科研结论，影响人体内胆固醇含量的几个可控因素是：饱和脂肪、反式脂肪、肥胖和锻炼。前三者都会导致血浆中胆固醇的含量增加，而适度锻炼则可以降低血浆中胆固醇的含量。

绝大多数中国人的反式脂肪的摄入量都很低，所以人们用不着担心这方面，但中国传统的用动物油炒菜、喜食油炸食物、喜食肥肉等饮食习惯，会使人们摄入大量的饱和脂肪。因为这些都是“传统的生活方式”，很多人不愿意相信（或者没有意识到）它们会带来风险。为了减少饱和脂肪的摄入，我们可以从以下这些方面进行考虑：用植物油代替动物油烹饪，除了椰子油和棕榈油，常见的植物油主要是不饱和脂肪；减少猪肉、牛肉的摄入量，增加鸡肉、鱼肉的摄入量；吃鸡肉时不吃鸡皮（很多人爱吃鸡翅、鸡腿，但鸡翅、鸡腿的皮多，应该少吃）；奶酪、全脂牛奶等也含有较多的饱和脂肪，但脱脂牛奶脱脂的同时也去掉了脂溶性维生素，而且脱脂牛奶的风味和口感不如全脂牛奶的，如何选择，需要自己权衡；商业化的油炸食品、糕点等中往往含有较多的饱和脂肪。

控制体重和适度锻炼不仅能减少胆固醇的形成，对其他生理指标的控制也有许多好处。简而言之，尽力而为。

如何减少胆固醇的重新吸收

胆固醇以胆汁的形式进入消化道，然后相当部分被重新吸收。如果能够减少胆固醇被重新吸收的量，也就减少了回到血液中的胆固醇含量。

一种途径是让更多的胆汁被食物残渣带走。在宏量的食物成分中，不被消化吸收的是纤维。科学家的研究显示，膳食纤维尤其是可溶性膳食纤维，可以与胆汁结合而避免胆固醇被吸收。所以，增加食物中的可溶性膳食纤维，是降低血浆中胆固醇含量的有效途径。大多数的“降胆固醇食物”，都是通过膳食纤维来起作用的，比如粗粮、蔬菜、水果、豆类和坚果等。不过坚果中除了含有膳食纤维，往往还含有相当多的植物油，虽然这些植物油代替饱和脂肪有助于降低胆固醇，但它们本身热量很高，不利于控制体重，所以一般推荐不要多吃，每天一把坚果足矣。

另一种途径是和胆固醇竞争吸收位点。植物固醇在分子结构上与胆固醇的很类似，但不会产生胆固醇的生理影响。在饮食中，它们会“走胆固醇的路，让胆固醇无路可走”，使得胆固醇只好跟着食物残渣被排出体外。目前的临床实验显示，如果一个人每天摄入两三克植物固醇，血浆中的胆固醇含量能降低10%左右。美国、加拿大和欧盟都批准了植物固醇的这一“健康宣示”——也就是说，如果某种食物中强化了一定量的植物固醇，就可以宣称其具有“降低胆固醇”的功效。

以上说的是个人能够做出改变的几个方面，每一个方面都会对降低胆固醇有一定帮助，但不同的人在不同的方面努力时，所面临的难度不尽相同。现实地说，这是一些努力的方向，每个人可以根据自己的情况去努力改变。

人体是一个很复杂的系统，我们体内的胆固醇代谢还与遗传密切相关——通常人们把这种因素称为“体质不同”。有的人，无论怎么不忌口地吃喝，其体内的胆固醇含量都在正常范围之内；有的人，谨小慎微，竭力从各个方面减少体内胆固醇的含量，但其体内胆固醇的含量还是居高不下。如果你是后者，那么也不要沮丧——

人的体质天生就是不一样的。如果你在饮食以及生活方式上已经做了最大的努力，但体内血浆中胆固醇的含量还是居高不下，那么你完全可以寻求现代医学的帮助——通过吃药来降低体内血浆中胆固醇的含量，这样做总比承担心血管疾病的高风险要好一些。

速溶咖啡的秘密

咖啡是世界三大饮料之一，在国外有悠久的饮用历史，如今逐渐走进中国人的日常生活。不过煮咖啡对于大多数中国人来说仍是一件麻烦的事情，于是速溶咖啡对国人来说也就别具吸引力。

人类对速溶咖啡的制作最早可以追溯到18世纪后期的英国，而在美国，成型的速溶咖啡试验品出现在19世纪中期。1890年，一位新西兰人最早获得了速溶咖啡的专利。1901年，一位日本人完善了制造速溶咖啡的技术，不过直到1910年前后，制造速溶咖啡的技术才由美国人实现了工业化生产。

那时的速溶咖啡只解决了“速溶”的问题，味道并不被人喜欢。速溶咖啡真正的春天是在1938年，雀巢公司涉足这一领域，对速溶咖啡的生产技术进行了改进，尤其是在干燥之前加入等量的可溶性碳水化合物来改善味道。雀巢公司的速溶咖啡随即大受欢迎，尤其在军队中受到士兵的喜爱——第二次世界大战中，雀巢公司生产的速溶咖啡一度专供军队。

速溶咖啡的制造思路并不复杂。咖啡豆经过烘烤——这与常规咖啡的制作是一样的，其中的天然成分发生复杂的化学反应，生成各种香味物质。然后，把咖啡豆磨成粉，用高温的水去提取——这个高温是在高压下实现的，水温远远超过100℃，因而提取效率很高。提取液中就是可溶性的咖啡成分，浓缩之后进行干燥，就得到了速溶咖啡粉——将速溶咖啡粉加到水里，就能够很轻易地溶开。速溶咖啡的“速溶”，英文直译其实是“即溶”，翻译成“速溶”只是为了更顺口而已。

干燥是生产速溶咖啡的另一个关键步骤。目前，工业上有两种方式干燥咖啡提取液。一种方式是把浓缩的提取液冷冻到零下几十摄氏度，再抽成真空，让冰直接变成蒸汽而去除水分。这种方式叫作“冷冻干燥”，可以很好地保持咖啡不发生变化，有利于保住咖啡的风味物质，但是它的成本比较高。另一种方式叫作“喷雾干燥”。从一个高高的塔顶把浓缩的提取液向下喷成雾状，同时从塔底向上鼓入高温空气。含有咖啡的雾滴在下落过程中被热空气加热，水分蒸发，落到塔底就变成了干燥的粉末。这种方式效率高，成本低，但因为需要高温加热，咖啡的一些香味物质会发生变化，而那些挥发性的香味物质也会因蒸发而被损失掉。

在速溶咖啡的生产过程中，香味物质的损失并不仅仅发生在干燥阶段。实际上，从研磨咖啡豆到提取、浓缩、干燥的每一步，咖啡都会失去一些香味物质。不进行补救的话，得到的产品就只能是“速溶粉”而没有“咖啡味”了。所以，速溶咖啡的生产者会加入香味物质来补救，至于加什么、如何加就成了不同生产厂家的看家功夫——有的只在最后一步加，有的是在前面的某些甚至每个步骤都加；有的是把损失的香味物质“回收”添加，有的是直接添加香精、香料。一般来说，不管怎么加，速溶咖啡还是难以还原现煮咖啡的风味。

因为速溶咖啡的风味物质总是要经历“损失—添加”的往复，初始咖啡豆的品质也就不那么重要了，这就使得不那么优质的咖啡豆也可以做成速溶咖啡粉。此外，做成速溶咖啡之后，成品体积比咖啡豆小，所需要的包装、存储、运输成本也要低一些。简而言之，速溶咖啡不仅为消费者带来了方便，也增加了咖啡原料供应商的供应能力。

与现煮的咖啡相比，速溶咖啡通过牺牲一些风味来换取方便，这对于“口味至上”的人来说是不可接受的，但对于那些认为“方便最重要”的人来说就很有吸引力。

很多人担心速溶咖啡中的丙烯酰胺。高剂量的丙烯酰胺具有神经毒性，各种经过高温烘焙或者煎炸的淀粉类食品中，往往含有一定量的丙烯酰胺。咖啡豆经过烘烤，也会产生一些丙烯酰胺。速溶咖啡中的丙烯酰胺含量与现煮咖啡的接近，而速溶咖啡中的丙烯酰胺含量与薯片、饼干、坚果中的丙烯酰胺含量在同样的数量级上。如果考虑把咖啡粉冲成咖啡饮料需要加入几倍乃至十倍以上的水，喝速溶咖啡摄入的丙烯酰胺量也并不算多。

很多人喝的速溶咖啡其实不仅仅是咖啡，而是咖啡饮料。这样的咖啡饮料通常叫作“二合一”或者“三合一”速溶咖啡。“二合一”一般是速溶咖啡粉加咖啡伴侣，而“三合一”则是再加上糖。

咖啡伴侣也叫植脂末，主要是糖浆加经过乳化的油。有些植脂末使用氢化植物油，可能含有反式脂肪，这是植脂末被指控有害的主要原因。不过，这与现煮咖啡加糖加伴侣是一样的——如果不想要这些“不健康的添加成分”，购买单一的速溶咖啡粉，冲泡之后就可以得到“黑咖啡”了。

“地中海饮食”到底是指什么

随着物质生活水平的提高，人们的心脏病、癌症、高血压、糖尿病等慢性疾病的发病率也越来越高。这些疾病的形成是慢性的、长期的，控制和治疗也是长期的，饮食与营养在其中具有重要的作用。从“吃什么”到“如何吃”，越来越多的人认识到是饮食习惯，而不是某些特定的食物，对我们的身体健康起着至关重要的作用。

那么，什么样的饮食习惯才健康呢？“地中海饮食”便是最近几年备受国人推崇的一种饮食习惯。

“地中海饮食”到底是指什么？距离地中海几千公里的中国人，如何实行“地中海饮食”呢？

“地中海饮食”并非一种具体的食谱

20世纪，人们发现地中海地区的居民“三高”（高血脂、高血压和高血糖）等疾病的发生率比较低，平均寿命比较长。研究者把这种情况归因于地中海地区居民的饮食结构，“地中海饮食”这个概念便应运而生。

顾名思义，“地中海饮食”是地中海地区居民的饮食习惯。不过，地中海地区的国家多达十几个。这些国家之间以及同一国家的不同地区之间，在文化、种族、宗教、经济等方面存在着相当大的差异，这使得地中海地区居民的饮食习惯也不尽相同。也就是说，并不存在单一的“地中海饮食”食谱。美国著名的医学机构梅奥医学中心总结“地中海饮食”的特征如下：

1. 每天进食的食物主要是植物性食物，比如水果、蔬菜、全谷食物、豆类和坚果；

2. 用健康的脂肪（比如橄榄油）代替黄油；

3. 烹饪时用植物调味品和香料代替盐；

4. 限制红肉的食用量，每月最多吃几次；

5. 每周至少食用两次鱼类和禽类；

6. 可以适量（并非一定）饮用红葡萄酒。

此外，“地中海饮食”还强调运动以及与家人、朋友一起用餐的重要性。

“地中海饮食”真的有效吗

一方面，“地中海饮食”是对地中海地区居民饮食习惯的总结，它描述了一个现象。另一方面，地中海地区的居民健康状况比较好，这是另一个现象。这两个现象之间是否存在因果关系？至少在“地中海饮食”这个概念刚提出来的时候，提出者提出这一概念的依据是基于猜想而非科学证据。

后来，研究者进行了许多大规模的流行病学调查。总体来说，“地中海饮食”有利于健康。基于超过150万人的分析报告表明，“地中海饮食”有助于降低源于心脏疾病和癌症的死亡风险以及帕金森病和阿尔茨海默症的发生率。

“地中海饮食”与“健康饮食”之间的关系

现代营养学推荐的“健康饮食”，是通过流行病学调查以及干预性科学研究而确定下来的一个个饮食因素的集合。换句话说，“膳食指南”或者“膳食宝塔”中推荐的饮食，是基于科学数据所得出的结论。

前面已经指出，“地中海饮食”是对地中海地区居民饮食习惯的总结。它的大部分特征，与现代营养学推荐的健康饮食是一致的。不过，是不是每一条特征都有利于健康，还缺乏明确的科学证据。比如美国心脏协会就认为：“地中海饮食”中来自脂肪的热量的比例相对较高——虽然主要是不饱和脂肪，不会增加心脏疾病的风险，但脂肪产生的高热量导致了地中海地区居民肥胖发生率的提高。在地中海地区，肥胖也逐渐受到人们的关注。

中国居民如何实践“地中海饮食”

“地中海饮食”其实只是一些健康饮食的原则，而不是确定的食谱。如果我们希望通过实行它来保证身体健康、降低患各种慢性疾病的风险，那么重要的是遵循它的理念和原则，而不必拘泥于某种特定的食物或者某个食谱。

对于中国居民来说，实践“地中海饮食”可以从以下几个方面努力。

1. 多吃蔬菜、水果和全谷食物，让这些植物性食物占到食谱的大部分。对于食物，尽量食用新鲜和轻度加工的，避免选择经过深度加工的食物。

2. 适量食用坚果作为零食。坚果、芝麻等可以作为零食，它们含有丰富的膳食纤维、蛋白质和不饱和脂肪。在选择这些食物时，选择简单加工的，避免加盐、加糖的种类。

3. 避免饱和脂肪。猪油、牛油、黄油、奶油是常见的饱和脂肪来源。“地中海饮食”提倡多用橄榄油，橄榄油对于中国居民来说过于昂贵，且其质量难以保证。含单不饱和脂肪酸高的植物油，比如双低菜籽油，经济实惠，可以代替橄榄油来进行烹饪。茶籽油、玉米油、芝麻油、葵花籽油、大豆油，都是不错的选择。

4. 尽量减少使用盐和糖来调味，可以用其他调料、香料来改善食物的风味，比如胡椒、大料、花椒、辣椒、蘑菇、陈皮、桂皮……

5. 多吃鱼类，每周至少两次，不过要注意鱼的来源，避免重金属污染。尽量采用清蒸、清炖等烹饪方式，避免油炸等高温多油的烹饪方式。

6. 减少猪肉、牛肉、羊肉等红肉的摄入量，每月食用次数不超过十次。可以用鸡肉、鸭肉、鱼肉等来代替红肉。避免深加工的红肉，比如火腿肠、香肠、腊肉、肉罐头等。

7. 适当食用低脂奶制品，比如低脂牛奶、低脂酸奶、低脂奶酪等。

关于饮酒，本来没有喝酒习惯的人不要为了“地中海饮食”去喝酒，有喝酒习惯的人要控制到“适量饮酒”。对于葡萄酒来说，“适量饮酒”是指：成年女性和超过65岁的男性每天的饮用量不超过150毫升，年轻男性每天的饮用量不超过300毫升。如果不能把喝酒的量限制在上述范围之内，或者个人以及家族中有酗酒历史，或者个人有心脏或肝脏疾病，那么就应该避免包括葡萄酒在内的任何酒精饮料。

高果糖浆的前世今生

近年来，迅速占领了全球食品添加剂市场的高果糖浆被质疑与肥胖流行有关，它能摆脱这项罪名吗？

人类喜欢甜味，在几种基本味道之中，“甜”或许是最惹人喜欢的味道，比如孩子不需要后天的适应，天生就喜欢甜食。

日常生活中人们所说的糖，通常指的是“蔗糖”。它的地位是如此超然，以至于成了“甜度”的标准——蔗糖的甜度定义为1，如果一种物质稀释两倍之后甜度与蔗糖相当，那么它的甜度就是2。

蔗糖的生产受到比较多的条件限制，不是所有的地方都适合种甘蔗。用甜菜来制糖是人类制糖史上的一大进步，不但使蔗糖的产量增加，而且使蔗糖的价格有所下降。甜菜制成的糖在化学结构上与蔗糖的一致，只是它委屈地失去了署名权——对于消费者来说，由甜菜和甘蔗制成的糖都叫作“蔗糖”。

不过，由甜菜与甘蔗制成的糖仍然不足以满足人类的需求。高果糖浆的出现，大大满足了人类对甜味的需求。短短几十年，高果糖浆被加入各种食品与饮料中。不过，近年来许多科学研究纷纷表明高果糖浆不利于人体健康。高果糖浆到底是一种什么东西？它会像氢化植物油一样，成为“原生态人士们”宣扬“现代工业危害人类”的一个例子么？

玉米如何变成糖

与甘蔗和甜菜相比，玉米是一种便宜、高产、种植范围广泛的农作物。如果能把玉米转化成糖，就能使糖的产量大大增加。人们对此种设想的尝试大概可以追溯到古代，至今仍有活力的“饴糖”就是一个比较成功的例子。

构成玉米的主要成分是淀粉，淀粉是由葡萄糖分子连接而成的高分子聚合物。两个葡萄糖分子中，一个提供氢原子，另一个提供氢氧基团，共同失去一个水分子。剩下的部分连接起来，称为“二糖”，而连接的地方就叫作“糖苷键”。连起来的分子还可以继续连接其他的葡萄糖分子，最终构成一个大的淀粉分子。

如果把生成淀粉的过程倒过来，把一个水分子分成一个氢原子和一个氢氧基团，分别加到糖苷键的两边，这个糖苷键就断开了。这个过程叫作“水解”。如果把淀粉分子中的糖苷键全部打开，那么它就变成了葡萄糖。葡萄糖也是甜的，甜度大概是0.7。

不过，水解反应不会轻易发生，所以淀粉也不能轻易变成葡萄糖。最初的时候，水解淀粉是通过在酸性条件下加压加热来实现的。这样的水解所需要的成本比较高，水解也不容易完全。现在，水解淀粉一般通过酶来催化，反应条件很温和，更容易实现。

酶是能够催化特定反应的蛋白质。能够水解淀粉的酶被称为淀粉酶，它在自然界中广泛存在——例如我们的唾液中就有。淀粉酶还有不同的类型，最高效的一种即老大α-淀粉酶，它可以切断淀粉分子中任何部位的糖苷键。α-淀粉酶作用的结果，就是把淀粉切割成一个个小片段，每个片段中可能含有几个葡萄糖。这样的东西被称为“淀粉糊精”，不过还是没有甜味。淀粉酶中的老二叫作β-淀粉酶，它能把最前面的两个葡萄糖切下，得到的东西就是传统的零食麦芽糖（有的地方叫作“饴糖”）。现代工业上水解淀粉需要用到的老三γ-淀粉酶，每次能切下一个葡萄糖。这样，经过γ-淀粉酶的精雕细琢，淀粉糊精就变成了葡萄糖。

不过，通常的水解反应不会那么完全，得到的是以葡萄糖为主，含有一些麦芽糖以及小分子糊精的混合物，称为“玉米糖浆”。因为以葡萄糖为主，玉米糖浆也被叫作“葡萄糖浆”。玉米糖浆是甜的，但是它的甜味来自葡萄糖，而葡萄糖本身不够甜，所以不难想象，玉米糖浆的甜度有限。

不甜的玉米毕竟变成了甜的糖浆，所以也有人把玉米糖浆叫作“玉米糖”。玉米糖浆溶解性好，加到食物中不但能够增加甜度，还可以软化食物的质地并且保持水分。对于淀粉来说，变成玉米糖浆算是一次脱胎换骨的飞跃。

从玉米糖浆到高果糖浆的变身

不过，玉米糖浆的局限很明显：不够甜。为了得到足够的甜度，人们在使用它时不得不增加用量。玉米糖浆含有高热量、营养单一的食物成分，对减肥相当不利，所以玉米糖浆要想有更大的发展，还需要变得“更甜”。

自然界中最甜的单糖是果糖。果糖的分子结构和葡萄糖的一样，只是其中原子的连接方式不同而已。最初把葡萄糖变成果糖的想法是通过化学反应来实现的。科学家们在这方面进行过不少研究，后来西尼·阿兰·贝克等人还因为这一研究获得了一项美国专利。不过，这个在高温和高碱性条件下进行的反应除了得到一些果糖之外，还得到了一些人体不能代谢的副产物以及影响果糖颜色和味道的副产物。这些问题使得通过化学反应来使玉米糖浆“变甜”只有理论上的意义，而没有商业生产的价值。

情况发生峰回路转的转变在1957年。美国一家玉米产品公司的研究人员理查德·马歇尔等人从一种细菌中得到了一种酶，这种酶可以把葡萄糖转化为果糖。他们将发现发表在了当年4月出版的《科学》杂志上。当时，研究人员将这种把葡萄糖转化为果糖的酶称为“葡萄糖异构酶”。后来，经过许多人的努力，科学家们陆续发现了其他具有同样功能且生产使用更加方便的酶，使得葡萄糖“异构”为果糖的商业化生产成为可能。1967年，一家玉米加工公司成功地实现了将葡萄糖变为果糖的商业化生产。

这一异构反应的价值是显而易见的。首先，它具有特异性，要么转化成果糖，要么保持葡萄糖的“真身”，而且不会产生副产物。其次，酶反应的条件很温和，设备也就简单。

果糖的甜度是葡萄糖的两倍多。这样转化而来的产品被叫作

“高果糖浆（High Fructose Corn Syrup，简称HFCS）”，也有人把它叫作“葡果糖浆”。高果糖浆中的果糖含量可达90%，不过市场上的产品主要是果糖含量为42%和果糖含量为55%两个版本。它们的甜度比蔗糖要更甜一些，应用于加工食品和饮料中的时候，其加工性能也更加优越。此外，在美国市场上，高果糖浆的价格也比蔗糖的便宜。于是，高果糖浆迅速占领食品饮料市场。尤其是1984年，两大可乐公司开始用高果糖浆代替蔗糖，更大大加速了高果糖浆的盛行。

果糖之罪

在过去的40年里，高果糖浆在美国的应用越来越广泛。据统计，近年来，美国平均每人每年消耗的高果糖浆接近30千克。与此同时，美国人群的肥胖发生率也持续升高，伴随肥胖的一系列症状，比如高血脂、高血压、糖尿病等也随之增加。科学家们为了探讨导致这些疾病的原因进行了大量的研究，结果发现高果糖浆是特别值得关注的致病原因之一。

结果毫不意外。流行病学调查显示，在食用高果糖浆多的人群中，肥胖以及与肥胖相关的症状的发生率比食用量低的人明显要高。大量的动物实验也支持这一结论。

实际上，果糖的血糖指数很低，一度被当作“好糖”推荐给糖尿病患者。传统上认为血糖指数低的食物有利于保持体重。按理说，把葡萄糖转化成果糖的高果糖浆，“应该”更好才对，然而，理论推测可能会错，而实验数据却不会撒谎。科学家们把目光放在了高果糖浆中的果糖上。

随着研究的深入，人们对果糖代谢的认识也逐渐清晰。原来，果糖的分子结构和葡萄糖的虽然很相似，但是在体内的代谢途径完全不同。首先，葡萄糖会诱导身体分泌胰岛素和瘦体素。这两种激素具有释放“饱足信号”的功能，能让人更加容易感觉“饱”而减少进食。果糖不具有这种能力，因此我们会吃得更多。果糖进入体内，也比葡萄糖更加容易转化成甘油三酯，最终产生更多的脂肪，并在内脏器官上囤积。不仅如此，长期摄入大量果糖，还会导致胰岛素抵抗指数的升高。胰岛素是调节血糖的关键，胰岛素抵抗指数的升高意味着胰岛素对血糖变化的敏感性下降，严重的话会导致糖尿病。

果糖导致的体重增加、高血压、高血脂、罹患糖尿病等不良后果在动物实验中得到了清晰的验证。这些危害会不会在人体中显示？出于伦理的原因，我们不可能用人来做极端的对照实验——对于“被害组”来说实在是太不人道了。人体的对照实验往往是监测一些生理指标来显示危害或者作用。比如，过多摄入果糖导致了血压、甘油三酯等指标的升高，就被认为会有害健康。

果糖的危害已经有相当的证据，而含有大量果糖的高果糖浆自然也就无法摆脱罪责。

高果糖浆与蔗糖连坐

因为高果糖浆是经过“工业加工”得到的，它就很自然地被当作“工业加工产生危害”的例子。相对来说，高果糖浆的罪证，甚至比氢化油的还要确凿。许多人甚至发出了“禁用高果糖浆”的呼吁——从安全至上的原则出发，这种呼吁也算理直气壮。

不过，通常的高果糖浆含有42%或者55%的果糖，蔗糖含有50%的果糖。二者的差别只在于，高果糖浆中的果糖以单分子的状态存在，而蔗糖中的每个果糖分子都和一个葡萄糖分子结合。许多人相信，这种差别会导致高果糖浆比蔗糖更糟糕，但这只是一种推测。实际上，蔗糖中果糖和葡萄糖之间的连接很弱，吃进肚子之后很快就被分解成了单个分子。在小肠里，蔗糖依然是以葡萄糖和果糖的形式被吸收的。蜂蜜甚至更接近高果糖浆——其中的果糖也是以单分子形式存在，蜂蜜中果糖的含量也往往比其中的葡萄糖含量高。所以，更普遍的看法是：高果糖浆中的果糖产生的危害，蔗糖和蜂蜜中的果糖也难以避免。

在营养和食品领域，绝大多数情况下都不能以理论推测作为公共决策或者专业推荐的依据。要禁止高果糖浆而放行蔗糖和蜂蜜，就需要用实验数据来证实“高果糖浆确实比蔗糖和蜂蜜要坏”的假设。

在目前所能找到的文献中，果糖和高果糖浆的危害性的研究，多数都是以葡萄糖或者其他食物成分作为对比的。直接比较高果糖浆和蔗糖的研究并不多。2010年普林斯顿大学的巴特利·霍贝尔等人发表的一项研究表明，“与蔗糖相比，相同热量的高果糖浆使老鼠增重更多”，但是，一项动物实验的结果不足以“证实”这个结论，尤其是在人体中的情形是否相同还需进一步被验证。目前多数文献还是认为“高果糖浆有问题，但并不比蔗糖更糟糕”，比如2008年的《美国临床营养学杂志》上的综述就做了这样的总结。2010年的《生理学评论》上也有一篇类似主题的综述，结论是：虽然有很多“高果糖浆中的游离果糖比蔗糖中的果糖带来更多危害”的担心，但是并没有直接的证据来支持这一论断。

吃多少糖算适量

可以说，不管是高果糖浆还是蔗糖，它们所带来的健康隐患——简而言之可以用“代谢综合征”来包括的各种不良后果——都是大量食用糖的结果。在人们无糖可吃的年代，自然不会有这些问题。从这个意义上说，这些症状是典型的“富贵病”。不管将来是否有充分的科学证据来证明高果糖浆比蔗糖是“更糟”还是“一样糟”，吃不吃糖都是人们在身体健康和口腹之欲之间进行的权衡。

最后，需要指出的是，正如《生理学评论》上的那篇综述所指出的那样，虽然有越来越多的证据显示“过多饮用含糖饮料”会带来一系列的不良后果，但是并没有明确证据说明“适量的果糖”会带来危害。至于多少算“过多”，多少算“适量”，也是众说纷纭。美国心脏协会最新的推荐相当保守：成年男女每天摄取的热量中来自“添加糖”的部分分别不应该超过150大卡和100大卡。所谓的“添加糖”，包括一天之中所有食物和饮料中的蔗糖、高果糖浆和蜂蜜等。100大卡热量相当于25克左右的蔗糖，往往一瓶含糖的碳酸饮料所含的蔗糖量就超过了这个量。

加点病毒来防腐

2013年2月，美国FDA答复了某个公司提交的GRAS申请，确认了一种新型肉类防腐剂的安全。GRAS是“一般认为安全（generally recognized as safe）”的意思。在美国现行的食品安全管理体系中，美国FDA允许厂家自己组织专家对新食品成分进行评估，如果结论是安全的，厂家就把评估报告提交给FDA备案。只要FDA对报告没有提出异议，该评估结果就会得到确认。

如果把上述新型肉类防腐剂的成分说出来，估计会吓倒一大片——是六种病毒！

这些病毒叫作“噬菌体”，其作用是专门针对肉制品中的沙门氏菌进行精准打击。

1915年，细菌学家弗雷德里克·特沃特发现了一些能够杀死细菌的物质，不过他并没弄清楚这些物质究竟是什么。随后第一次世界大战爆发，他也就没有对此继续研究。1917年，菲里克斯·迪海莱独立发现了这种成分，并且把“细菌”和“吞噬”组合起来，把它命名为“噬菌体”。

既然噬菌体能够杀死细菌，那么能否用来治疗细菌引起的疾病呢？1919年，迪海莱和助手在巴黎开始了噬菌体疗法的实验。他们给4位得了细菌性痢疾的年轻人注射了一次抗痢疾噬菌体，结果注射之后24小时内，4位病人的病情都出现了好转。这一疗法迅速引起了医学界的广泛关注。1920年之后，科学家们发表了几百项用噬菌体治疗细菌感染的研究报告，许多制药公司也纷纷投资这一领域。

当时抗生素已经出现。抗生素像变魔术一样高效快速的抗菌能力在治疗细菌感染中大显身手，而噬菌体疗法的临床效果却还有一些争议。于是，噬菌体疗法从20世纪40年代开始逐渐被人们遗忘，第二次世界大战之后，人们只有在苏联和一些东欧国家找到它落寞的身影。

几十年过去了，许多致病细菌出现了抗生素抗性。在抗生素和细菌的猫鼠竞争中，人类开始召唤新型抗生素的出现。于是，隐忍了几十年的噬菌体终于迎来了春天。

实际上，噬菌体无处不在。在1毫升未被污染的水中，大约有2亿个噬菌体。通过喝水和吃未经加工的食物，人们每天会摄入数不清的噬菌体。

噬菌体是一类病毒，被人类盯上的这一类叫作“溶解性噬菌体”。它们有一个蛋白质构成的外壳，壳里包着一团遗传物质。通常，它们还有一条长长的尾巴可以特异性地吸附在某种细菌的表面，然后把遗传物质注入细菌中。细菌有复制遗传物质和合成组装蛋白质的能力，而噬菌体没有。一旦被注入噬菌体的遗传物质，细菌就失去了对这些能力的掌握。能力虽然还在，却为噬菌体服务去了。噬菌体的遗传物质完成了复制重装，变成了几百个新的噬菌体，就从细菌中破体而出，去寻找下一批攻击目标。

噬菌体的一大特点是攻击的特异性相当高，对真核细胞视而不见，对非目标细菌也没有伤害性，基本上属于“定点清除”。它们本来就存在于水、食物和空气中，被人们常规摄入。用来治病，只是把它们有选择地组织成了大部队而已。目前的研究显示，不管是服用、涂抹皮肤，还是静脉注射等各种给药方式，溶解性噬菌体都很安全而且高效。

科学家们对于噬菌体用于治疗的研究目前进展还不够大。一方面，这种疗法的有效性、安全性、稳定性还缺乏足够的说服力，而迪海莱的实验也受到质疑。另一方面，仅仅是“噬菌体是一类病毒”这一点，就足以让公众在心理上产生抗拒。这种疗法的原理简单而古老，从中难以有重大发现，所以科学家们对于研究它也就兴致索然。估计在抗生素的抗性问题严重到不可救药之前，噬菌体疗法的春天难以真正到来。

不过，把噬菌体作为抗菌剂用在食品中防腐的实际应用倒是有了很大的进展。通常情况下，一类食品中常见的致病细菌的种类并不多，比如蔬菜中的大肠杆菌、奶制品中的李斯特菌、肉制品中的沙门氏菌等。对于同一种细菌，通常不止有一种噬菌体可以对付它。在实际应用中，人们通常是把攻击同种细菌的多种噬菌体混合使用。不同的噬菌体攻击能力强或者弱的条件不尽相同，混合作战的优势是，在不同的条件下都有噬菌体保持强大的战斗力。

与加热灭菌和化学防腐剂相比，噬菌体防腐还有别具一格的特色。加热是把所有的细菌统统杀光，同时食物中对热敏感的营养成分也受到了破坏。化学防腐剂除了安全性让消费者在心理上不那么放心之外，施用之后细菌还会慢慢增加。噬菌体防腐则只杀死目标细菌而不破坏食物成分，对其他“打酱油”的细菌或者友好的细菌都秋毫无犯，对食物中的营养成分更是不损一毫。在使用噬菌体防腐之后的保存过程中，致病细菌的数量还会不断减少。这些噬菌体没有能力攻击人体细胞，安全性方面应该更令人放心。

2006年，在审查了四年之后，FDA批准了一个针对李斯特菌的多种噬菌体混合制剂。之后，类似的审查速度就变得很快了。我们在文章开头部分提到的那个针对沙门氏菌的混合制剂，FDA在收到GRAS申请的七个半月之后，就给出了“没有问题”的确认。

你用什么水泡茶

从化学结构上说，水都是一样的，但现实生活中的水并不是化学意义上的“纯水”，其中总是有各种微量成分。这些微量成分虽然量少，对于水的风味和口感以及与其他物质的互动却有着重要的影响。比如泡茶，茶界人士说“水为茶之母”。茶圣陆羽早在唐代就对泡茶之水进行过一些探索，总结出“山水上，江水中，井水下”的经验。

限于当时的科学技术水平，陆羽只能基于有限样品做一些简单的总结，所以他的总结未必完全准确和全面。不过，他的总结毕竟提供了一个参考方向，对后世产生了很大的影响。

感谢现代科学技术，我们才得以知道水对茶的影响主要源于两个方面：水中的矿物质和水的酸碱性，而水的酸碱性其实主要是由水中的矿物质决定的。

水中有多种矿物质，含量丰富、影响最大的是钙离子和镁离子。它们的含量可以用水的“硬度”来衡量，其含量越高，水就越“硬”。硬度高的水被烧开之后，烧水壶底会出现一层水垢，这就是钙和镁沉淀析出的产物。

硬度较高的水本身对健康没有什么不良影响，但对泡茶的影响比较大。虽然水被烧开后使许多钙和镁沉淀了出来，但还是会有许多钙和镁留在水中。所以，硬水被烧开之后，水中的钙、镁离子的含量仍然比较高。泡茶的过程是把茶中的可溶性成分，比如茶多酚、咖啡因、氨基酸以及其他小分子物质萃取到水中的过程。茶的风味和口感就是由这些萃取出来的成分决定的。萃取出来的成分多，茶水的味道就浓郁；萃取出来的成分少，茶水的味道就寡淡。

科学家们研究过钙、镁离子对萃取效率的影响。他们发现，在中性或者弱酸性的水中——通常的饮用水就是这样的，钙、镁离子会抑制茶多酚的溶出。茶多酚不仅是茶中最具号召力的功效成分，对茶水的风味也有着至关重要的影响。钙、镁离子抑制了它的溶出，也就难怪茶汤寡淡、茶香低浊了。

那是不是碱性水就好一些呢？有一些矿泉水以“弱碱性”为卖点，宣称“更健康”。这种宣称是一种想当然的忽悠——当然，它除了让你觉得高大上而愿意多掏点儿钱之外，倒也没什么危害。不过要是用来泡茶，这样的水就弄巧成拙了。在碱性条件下，钙、镁离子对于茶多酚的溶出量倒是影响不大，但茶多酚不稳定，溶出之后容易被氧化——在碱性水中，这种氧化反应会加速。那些氧化程度低的茶，比如绿茶、黄茶和铁观音，正常的汤色应该是明亮的浅绿、浅黄或者黄绿色。如果用碱性水泡茶，茶水就会很快变成红色——这是因为茶多酚被氧化变成了茶黄素或者茶红素。茶黄素和茶红素本身也没什么不好，但泡茶的人本来是想要春天勃勃的生机，结果出来的是深秋暮霭的深沉，这多少让人不那么舒心。

科学家们对水质如何影响泡茶的研究比较上心，并不是因为关心广大的喝茶爱好者，而是现代食品行业的利益驱使使然。虽然中国人喝茶很讲究冲泡过程的审美体验，但现代食品行业中有“钱途”的还是茶饮料。茶饮料的核心，就是把茶的可溶性成分萃取出来进行浓缩，再进行调配得到统一风味的饮料。溶出效率的高低，直接决定了原料成本的高低。明白了钙、镁离子对泡茶的影响，茶饮料的生产厂家就知道了用硬度尽量低的水，可以从茶叶中提取出更多的可溶性成分。对于已经萃取出来的茶多酚和咖啡因等成分，钙、镁离子又能够促进它们的结合，导致它们在浓缩过程中被沉淀出来——这些沉淀，在后续的配方中也就无法做成饮料去卖钱了。

为了尽量提高生产效率，降低损失，茶饮料的生产厂家不仅通过净化设施来降低水的硬度，还在水中加入络合剂。络合剂对钙、镁离子有着超强的结合能力——不管钙、镁离子是自由存在，还是已经与茶成分结合，络合剂都不放过，巧取豪夺，悉数纳入怀抱。

陆羽得出的经验，大概是因为他接触的山水没有经过地层，溶入的矿物质比较少，所以硬度较低，而井水则经过层层矿石，溶入了太多的矿物质，因而硬度较高。《红楼梦》里，妙玉用梅花上的积雪来泡茶，固然有矫情之嫌，真要从科学角度来说也能找出一定道理——雪由水蒸气冷凝而成，还没有与地面接触过，也就没有什么机会溶入矿物质，所以硬度非常低，泡起茶来也就更为优越。

普通的喝茶爱好者大概也用不着去探究自己用的泡茶水水质有

多硬，酸碱性如何。现成的纯净水，比起陆羽的山水、妙玉的梅花雪水来，应该更加适合泡茶。更讲究的喝茶爱好者可以买个酸度计来测量水的酸碱度，再买个电导率仪来测量水的硬度——如果买便宜一点的仪器的话，总共的开销只需要一二百元而已。有了这两个工具，人们对于水质的判断可以瞬间超越茶圣陆羽。

老铁壶的那些“特殊之处”

现在很多行业都流行炒作，茶行业可以算是个中翘楚。在茶行业中，近年来炒得越来越热的是“老铁壶”。一把烧水的铁壶，价格几万元算是稀松平常，价格几十万元也不罕见，在某次拍卖中，一把老铁壶的拍卖价甚至达到了近百万的天价。

本来，老铁壶可以算是工艺品甚至是古董，因为人们赋予了老铁壶文化内涵，所以无论它被卖出多高的价格，对于买卖双方来说都是愿打愿挨的事情。不过，为了炒作的需要，捏造出老铁壶具有“特殊功效”，那么这种宣传应该算是忽悠了。

在对老铁壶的介绍中，人们经常提到老铁壶的这些“特殊之处”：一、老铁壶能够提高水温，而且蓄热能力强；二、老铁壶能够软化水质，释放出二价铁离子，形成“山泉效应”；三、老铁壶受热后会释放出大量的二价铁，与茶中的茶多酚等相互作用，能够补充人体所需的铁元素。

我可以负责地告诉你，以上所述的老铁壶的三条“特殊之处”纯属忽悠。

第一条，水的沸点是由当地的大气压决定的，与烧水壶用什么材质做成的没有关系。虽然从热力学的角度来讲，如果水中有大量的溶解成分，是能够升高沸点的，但是用老铁壶烧水时，能够从铁壶中迁移到水里的那点儿铁实在是少得可怜，根本达不到影响水的沸点的程度。如果用老铁壶烧出来的开水的温度真的比自动控温的电热水器烧出来的开水的温度高，那么只有一种可能，那就是自动控温的电热水器的跳闸温度被设定为低于沸点，从而使得水其实并没有达到沸点。不管是用什么材质做成的壶，只要放到火上去烧，在相同的地点，壶中水的沸点都是一样的。

至于“蓄热能力”，取决于壶的传热系数和厚度。与玻璃、陶瓷等材料相比，铁的传热系数更大——也就是说，如果壶壁是同样的厚度，那么铁壶比玻璃壶和陶瓷壶散热要快。所以所谓的“老铁壶的蓄热能力强”，不过是一种心理感觉而已。更何况，如果要比“蓄热能力”，具有保温设计的电水壶的蓄热能力比这些会降温的壶好多了。

各种茶适宜冲泡的水温并不相同，并非一味的水温越高越好。比如新绿茶，就需要泡茶水的水温低于沸点。传说老铁壶烧出来的水的温度很高，适合冲泡普洱和红茶。事实上，冲泡普洱和红茶固然需要高温，但普洱和红茶在老铁壶的圣地日本并非主流的饮茶品种。那么矛盾之处就出来了：如果说日本人发明传说能提高水温的老铁壶，是为了去冲泡并不需要高温冲泡的茶，这实在有点儿匪夷所思。

第二条，关于“软化水质”“释放出二价铁离子，形成‘山泉效应’”。且不说老铁壶能释放出多少铁离子，即使它能释放出足够量的铁离子，也无法起到这两种作用。水的软硬是由其中的钙、镁离子决定的，任何软化水的操作，都是去除水中的钙、镁离子。而铁离子的引入，丝毫无助于减少钙、镁离子，也就不可能“软化水质”。所谓的“山泉效应”，则是一个不知所云的概念。矿泉水有国家标准，定义是“锂、锶、锌、硒、溴化物、碘化物、偏硅酸、游离二氧化碳和溶解性总固体中，有一项或多项超过规定的最低标准”。铁并不在其中——也就是说，能否释放出二价铁离子，都与矿泉水没有关系。

第三条或许是对老铁壶爱好者来说非常有吸引力的一点，“受热后会释放出大量的二价铁”“能够补充人体所需的铁元素”。人体的确需要一些铁，大多数人也的确处于缺铁状态，如果一种饮品能够补充铁，甚至可以算得上是“功能饮品”，但是且不说“受热后会释放出大量的二价铁”的“大量”到底有多少，即使释放出来了，那些二价铁也很难被人体吸收。茶中有大量的茶多酚等多酚类化合物，会与二价铁离子结合，形成“铁—多酚复合物”。在复合物中，二价铁被氧化成三价铁，不仅它自己不能被吸收，还连累了多酚类化合物。通常所说的那些“茶的活性成分”，主要是指具有抗氧化作用的多酚类化合物。如果老铁壶真的能释放出“大量的二价铁”，结果却是不仅铁不能被吸收，还把茶中原有的活性成分给“拐带跑”了。

当然，用老铁壶烧水，多少会有一些铁离子迁移到水中。这些铁离子对茶水可能会产生一定的影响。比如，它本身可以促进多酚类化合物的氧化，从而改变它们的颜色和味道。这对于茶水来说是好是坏，取决于个人的主观感受，很难用科学标准来判断，只要个人喜欢，也无可厚非。泡茶时，一般使用软水，尽量减少水中的矿物质离子对茶水的影响。如果用铁壶烧的水所带来的铁离子能对茶的外观、风味和口感有所改变，那可以算是与“软水冲茶”背道而驰了。

四

吃货的科学修养

4

如何煮一个同心的鸡蛋

有一天，我的朋友杨杨问我："有人研究过如何煮出'溏心鸡蛋'吗？"

我回答道："分子美食学的创始人蒂斯在研究分子美食学的时候，曾经探讨过煮鸡蛋的问题。按照他的方法，人们不仅可以煮出'溏心鸡蛋'，还可以让蛋黄待在鸡蛋中心，而不是像通常我们煮出来的鸡蛋那样'偏心'。"

杨杨很兴奋地说："那我们可以在光棍节的时候教科学男青年们如何煮出同心的鸡蛋，没准儿因此可以赢得意中人的芳心呢……"

在一般情况下，煮熟的鸡蛋的蛋黄总是偏向一边，而不会乖乖地待在鸡蛋的中心。蒂斯注意到这个现象，开始探索如何让蛋黄待在鸡蛋的中心。民间流传的"厨艺秘籍"提供的经验是等水开了再放鸡蛋。经过多次实验，他发现这个"秘籍"有时候起作用，有时候不起作用——有时候水开了再放鸡蛋并不能煮出同心鸡蛋，而有时候冷水放鸡蛋也可能让蛋黄待在鸡蛋的中心。

所以，他考虑的第一个问题是：煮熟的鸡蛋为什么会"偏心"？

最容易想到的原因自然是蛋黄和蛋白的密度不同。我们的直觉会认为蛋黄的密度更高，但事实并非如此。鸡蛋的蛋白部分是蛋白质的水溶液，而蛋黄部分中有大量的脂肪。脂肪的密度比水小，所以蛋黄的密度比蛋白的密度轻，在煮鸡蛋的过程中，蛋黄上升，最后就导致了“偏心”。

这个分析看起来很合理，但是蒂斯之所以成为分子美食学家，是因为他从来不会把理论分析想当然地当作结论，而总是会通过做实验来验证。他的实验并不复杂：把一个鸡蛋打进一个玻璃量筒里，然后在量筒上面再加入几个鸡蛋的蛋白。慢慢地，蛋黄上升到了量筒中液体的顶端——显然，蛋黄比蛋白轻。

实际上这个实验并不严谨。鸡蛋中有一层薄膜，它会把蛋黄“牵制”在中心。当我们打开鸡蛋的时候，这层膜就被破坏掉了。这个量筒实验的结果能代表煮鸡蛋过程中的变化吗?

于是，蒂斯进行了另一个实验：把一个鸡蛋固定在锅里，把水烧开，将鸡蛋煮10分钟左右，然后剥开蛋壳——正如他所料，蛋黄偏到了上面。如果在煮鸡蛋之前，把鸡蛋放置在同一位置更长时间，那么结果就会更加明显。

所以，若想煮出同心的鸡蛋，关键要阻止蛋黄的上升。而若想实现这一点，需要不断改变蛋黄在轴向上的位置——简单地说，就是要不停地滚动鸡蛋，直到蛋白凝固。在开水中，大概滚动10分钟就足够了。如果是用冷水煮鸡蛋，也没有问题，只是滚动的时间更长而已。

至于杨杨起初关心的“溏心鸡蛋”——就是蛋白凝固了但蛋黄还没有完全凝固的鸡蛋，从食品安全的角度来说，这意味着鸡蛋没有被完全煮熟。如果鸡蛋中有致病细菌比如沙门氏菌的话，食用这样的鸡蛋有相当的风险。不过，这里我们先不考虑营养与安全，只讨论如何煮出这样的鸡蛋。

在煮鸡蛋的过程中，热量从外往里传递，鸡蛋中的温度也是从外往里逐渐升高。通常情况下，开水的温度是九十多度到一百度之间，蛋黄的温度从室温逐渐升高，到68℃就开始凝固。如果继续加热，蛋黄会完全凝固，而外层已经凝固的蛋白会失掉一部分水分，鸡蛋就被“煮老”了。

所以，要煮出“溏心鸡蛋”，火候的掌握就至关重要，这也就使得一些人能够成为厨艺高手，而多数人只能浅尝辄止。当然，也有取巧的办法，比如杨杨就建议：“一次煮一打，三四分钟后，隔一分钟捞一个出来看看，总有那么几个是溏心的……”

不过，蒂斯的分子美食学告诉人们：科学可以让你把“艺术”变成可重复的操作。蛋白在62℃时开始凝固，而蛋黄则需要到68℃。所以，如果你把水温控制在62℃到68℃之间，就可以可靠地让蛋白凝固而蛋黄保持流动。当然，付出的代价就是——需要煮更长时间。

分子美食学让蔬菜更鲜绿

许多人说：“我不在乎食物的外表，只要好吃就行。”“好吃”其实是一个综合的感官体验，并不仅仅由味道决定，与食物的外表也有很大关系。在食物口味的研究中，研究者把同样味道与口感的食物做成不同的颜色，食用者会给出相差不小的评价。在日常生活中，我们评价一种食物是否好吃，通常会提到“色、香、味”——“色”甚至排在“香”和“味”之前，这也说明了食物外表之于食物味道的重要性。

比如蔬菜，亮绿的颜色代表了绿色蔬菜的新鲜。一盘绿意盎然的蒜蓉菠菜会让人食指大动，但一碗菜叶暗黄的菠菜汤肯定会影响人的食欲。同样的绿色蔬菜，为什么在烹饪中有时能保持绿色，而有时就不行呢？把绿色蔬菜放入沸腾的水中，在最初的几秒钟里，我们能看到被水煮过的蔬菜的颜色甚至比蔬菜原有的颜色更加鲜绿，这是错觉吗？

分子美食学的创始人蒂斯对此做过深入的研究。蔬菜的细胞之间有一些空隙，里面躲藏着一些空气。当我们把蔬菜放入开水中时，这些空气受热膨胀，从空隙中跑出来。在没有离开蔬菜之前，这些空气会附着在叶绿素上，在水中形成一个个微小的“放大镜”，这样就让叶绿素看起来“更绿”了。

绿色蔬菜之所以看起来是绿色的，是叶绿素的功劳。叶绿素中有一种叫作卟啉的化合物。卟啉是一类有机物的总称，由几十个碳、氢和氮原子形成一个大环。叶绿素中的卟啉中间有一个镁离子，被那堆碳原子、氢原子和氮原子环绕着。我们知道可见光是由七种颜色不一的光组成的，当光线照射在叶绿素上，有镁离子坐镇的卟啉会让其他颜色的光有来无回，只让绿色光反射回去。这样，我们看到的叶绿素便是绿色的。而血红素中的卟啉中间是一个亚铁离子，反射的就是红光，因而血红素是红色。

如果将蔬菜煮的时间过长，那些临时客串了放大镜的空气就会离开叶绿素，细胞间的空隙就会被水占满。在高温加热之下，蔬菜中的部分细胞会破裂，释放出其中的物质来。这些物质有些是酸性的，到了水中会离解出氢离子。这些氢离子虽然个头小，但是它们能够与卟啉中的镁离子争夺地盘。一些镁离子敌不过氢离子的胡搅蛮缠，只能落荒而逃。氢离子占据了卟啉的中军帐之后，却没有能力像镁离子一样带领周围的原子们把可见光吃得只剩下绿光。这样一来，就有更多颜色的光线反射出来，就混合成了其他的颜色，比如棕褐色。

基于以上分析，让蔬菜保持鲜绿的第一种思路就是减少烹煮的时间，避免细胞破裂，也就减少了捣乱的氢离子的产生。此外，氢离子的产生需要酸性物质溶解于水。如果不让酸性物质与水接触，氢离子也就只能老老实实地待着了。各种“蒜蓉”“清炒”的蔬菜，是将菜用油快速炒熟，炒的时间短，氢离子难以游离出来，也就更容易保持蔬菜的鲜绿了。

当然炒总是需要油，许多人比较在意油的危害。不用油而避免蔬菜与大量水接触的烹饪方式，是蒸。蒸的时候，水蒸气在蔬菜上冷凝而释放出热量。虽然冷凝的时候也会形成一些水，不过因为冷凝时释放出来的热量很高，因此与蔬菜接触的水就比用煮的方式烹饪接触的水要少得多。如果蒸的时候不盖锅盖，能够避免水蒸气的回流，效果会更好。

减少蔬菜与水接触的机会，是为了避免产生氢离子。为了避免镁离子被氢离子赶走，还可以“反其道而行之”。所谓“惹不起，还躲不起”吗？这种方法就是用大量的水来煮菜。水多的时候，氢离子的浓度就低，镁离子遭遇氢离子的机会也就被减少了。所以，汤多菜少，也有助于保持菜的绿色。

在古代，人们发现用铜锅煮菜有利于保持菜的绿色，甚至曾经有人为了保持菜的绿色而往菜中加入铜盐。原因在于，铜离子或者其他的一些金属离子能够行侠仗义，占据镁离子的位置，与氢离子抗衡。有一些金属离子与镁离子一样，能够维持叶绿素的和谐稳定，从而只反射绿光，只是铜离子有一定的毒性，所以这种做法后来被禁止了。不过，加入其他安全的金属离子，比如锌离子，从技术的角度来看是可行的方案。

既然使蔬菜变色，作祟的是游离出来的氢离子，那么如果往菜里加入碱性物质来把氢离子中和掉，是不是也可行呢？古罗马人就曾经这样做过。比如说，钾盐往往具有一定的碱性，可以作为烹饪蔬菜时的“保绿剂”。对于过去的人们来说，草木灰就是一种很好的钾盐来源，只不过往蔬菜中加入草木灰或者其他钾盐，带来的影响就不仅仅是颜色了。草木灰或者其他钾盐本身也会产生令人不愉悦的味道，通过它们来保持蔬菜的鲜绿，也就得不偿失了。

煮豆的民间智慧

人类食用五谷杂粮有着悠久的历史。在过去，五谷杂粮因为“不好消化”“不好吃”而被当作“粗粮”。现在，对于许多人来说，温饱已经不成问题，反而是摄入的热量过剩导致的问题更加突出。五谷杂粮因富含膳食纤维、维生素与矿物质等现代人更容易缺乏的营养成分，因而受到人们越来越多的关注，进而华丽转身成了“健康食品”。

五谷杂粮大多难以烹煮，尤其是豆类杂粮通常都有坚硬的外壳，没有煮烂的话令人很难下咽。用高压锅来煮，当然是一个简单的解决方案，但是在古代，人们是用什么办法来解决这个问题呢？

欧洲有一本无名氏写于1838年的书，书中介绍了两条煮豆的“秘诀”：一是用河水或者溪水煮豆子，不要用井水；二是如果只有井水可用，就在井水里加入苏打粉。随着苏打粉的加入，水会变白变浑，此时继续加入苏打粉直至水不会进一步变白为止，然后用澄清的井水来煮豆。

分子美食学的创始人蒂斯对这种民间智慧充满了兴趣。他一如既往地用实验来验证这些秘诀，并且寻求其背后的科学机理。他首先想到的是：苏打粉的加入增加了水的碱性，是不是酸碱性对煮豆有影响呢？

为了验证这个假设，他准备了三个同样的锅，往锅里放入同样多的蒸馏水和豆子，将三个锅放在同样的火力下煮。他没有往第一个锅里另外加东西，以作为对照；他往第二个锅里加了一些苏打粉，以增加水的碱性；他往第三个锅里加了一些醋，以增加水的酸性。

等到第一个锅里的豆子被煮熟时，人们不用任何仪器就可以清楚地看出三个锅里的豆子的差别：加了苏打粉的，豆子已经被煮开了花；加了醋的，豆子依然坚贞不屈，还是硬的。

为什么加碱有助于把豆子煮烂呢？蒂斯分析说，豆类的坚硬外皮是由果胶和纤维素组成的，而果胶的分子中有大量的羧基。羧基是有机酸的官能基团，醋之所以酸就是因为醋酸分子中有一个羧基。在酸性环境中，羧基会老老实实地待着；而在碱性环境中，羧基的氢原子会离家出走，跟碱结合在一起。这样，剩下的羧基就因为缺了一个氢原子而带上负电。不同的果胶分子都带上负电，就会互相排斥。正所谓最坚固的堡垒总是从内部被攻破，当果胶分子们互相拆台时，由它们组成的坚硬外皮也就土崩瓦解了。

往煮豆子的水中加苏打粉，其作用并非仅仅是增加水的碱性。河水、溪水与井水的区别，还在于水的“硬度”不同。水的硬度是衡量水中的钙离子和镁离子含量的指标。井水中的钙、镁离子多，所以井水的硬度高。苏打粉是碳酸钠，能与钙、镁离子结合生成沉淀物。往水中加入苏打粉后，我们能看到水会变白，那些白色物质就是沉淀出来的碳酸钙和碳酸镁。当水中没有更多的白色物质产生时，就说明水中的钙、镁离子被去除得差不多了。这样的水再经过澄清，其硬度也就被大大降低了。

从欧洲那位无名氏的民间智慧来看，是不是水的硬度对煮豆子也有影响呢？为了验证这一点，蒂斯做了另一个实验。实验很简单，两个同样的锅、同样的火力、同样多的豆子和蒸馏水，蒂斯只是往第二个锅里加入了钙，以增加水的硬度。45分钟之后，用蒸馏水煮的豆子已经完全熟透，而加入了钙的锅里，豆子还像石头一样坚硬。蒂斯解释说，钙离子含有两个正电荷，能够与豆子外皮中的植酸和果胶结合。这种结合把它们紧紧地拉在一起，堡垒也就更加坚固，外界想要攻破就更加费劲。

现代人煮豆子当然不用这么复杂。首先，很多人用的桶装水是经过净化的，水的硬度本来就不高。其次，温度是影响显著的因素。在高压锅里，温度能够达到110℃～120℃，虽然只比普通锅里的温度高了一二十摄氏度，但足以使煮豆效率大大提升。

增加水的碱性对于把豆子煮熟很有效，但是它会牵一发而动全身，带来其他的影响。比如煮绿豆，人们除了希望把绿豆煮熟，还希望尽量保持汤的鲜绿。往煮豆子的水里加碱，可以将绿豆更快地煮熟，但是绿豆汤中的一些多酚类化合物在碱性条件下会被迅速氧化，从而生成棕褐色的色素，使绿豆汤变色。此外，酸碱性对汤的味道也会有很大影响。所以，要不要通过加碱来加快煮豆的过程，需要更全面的考虑。

煮其他的五谷杂粮，情况与煮豆子类似。若想把它们煮得烂熟，除了用高压锅、延长烹煮的时间之外，用纯净水和加一点碱都是很有效的办法。

如何煮出乳白色的汤

大家都知道，我们可以用某些食材，比如鲫鱼、骨头、猪蹄等煮出乳白色的汤来。大概是根据“类比取象”“以形补形”的原理，这些汤往往被赋予了“下奶”“美容”之类的功效。用这些食材煮出来的汤为什么是白色的？如何才能煮出白色的汤来呢？

如果从物理化学的角度来看，这些汤的微观结构与奶还真是非常相似。这些汤里都含有相当多的油。聚集在一起的油是浅色或者无色透明的，就像玻璃一样。当它们被分散成一个个的小油滴，就能散射光线从而呈现出白色。这与被砸碎的玻璃呈现白色是同样的道理。

从理论上说，只要有油和蛋白质，就可以形成分散的小油滴从而呈现乳白色。不过，任何肉中都含有油和蛋白质，却只有一小部分肉类能够煮出乳白色的汤来。这涉及另一个问题：油需要被分散成多大的小油滴？在未经加工的牛奶中，油滴的大小大约是几微米。一微米是一毫米的千分之一，几微米的油滴对于人的肉眼来说太小以至于无法分辨，但是对于牛奶来说还是太大了，放不了多长时间就会分层。经过高压均质化的牛奶，油滴大小能减小到一微米以下，就可以非常稳定地呈现乳白色了。

要想煮出乳白色的汤来，我们也要把油分散成几微米甚至更小的油滴。在煮汤的过程中，我们不可能对油滴进行均质化处理，结果往往就是油是油、水是水，蛋白质无可奈何地待在水中。在煮汤的过程中用大火猛煮，能够产生一定程度的搅拌，让油滴分散开。不过这样的搅拌力度不够大，帮助也就有限。

在实验室里，有一种乳化装置是这样让油变成小油滴的：它让油通过一层滤膜进入蛋白质溶液中。经过滤膜的油还来不及汇聚在一起，就被蛋白质包裹起来，没有机会重新聚合，从而形成一个个小油滴。如果煮汤的时候，油从固体中出来的位置比较分散，而且出来的速度也比较慢，同时水中又有足够的蛋白质，那么情形就与通过滤膜进入蛋白质溶液中的油比较类似。炖骨头汤就接近这种情形。如果煮一大块肉，大量的油连续不断地进入水中，蛋白质完全来不及对油进行分割包围，油就已经以大部队的形式存在了。

除了小油滴的产生，蛋白质的表面活性也是影响汤色的一个重要因素。蛋白质之所以能够跑到油滴表面去阻止油滴合并变大，是因为其分子表面同时具有亲水氨基酸和疏水氨基酸。亲水氨基酸想待在水中，疏水氨基酸想待在油中，所以油和水的界面就成了汤中蛋白质最好的居所。一般来说，疏水氨基酸越多的蛋白质，稳定油滴的能力就越强。不同的食材在煮汤的过程中溶解到汤里的蛋白质不一样，因而乳化油滴的能力也就不一样。骨头、猪蹄、鱼肉中都有很多胶原蛋白。胶原蛋白疏水性很强，不仅可以乳化油滴，甚至一群胶原蛋白分子还能聚集在一起形成小颗粒。这些小颗粒也能够散射光线，与油滴一样呈现乳白色。

此外，汤中的蛋白质浓度也是影响汤色的一个重要的因素。一般来说，要有效地实现乳化，水中的蛋白质含量至少需要达到1%～2%。比如牛奶和豆浆中的蛋白质乳化性能都很好，也需要2%以上的浓度，乳化效果才比较好。虽然肉中含有很多蛋白质，但是要它们乖乖地溶解到水中也并不容易。比如炖一只鸡，鸡与水接触的表面很有限，水中的蛋白质要达到足够的浓度是相当困难的。即使通过长时间的炖煮溶解了足够的蛋白质，油却早已在水中聚集成大部队，要对它们进行乳化也就不容易了。

即使明白了汤呈现乳白色的科学原理，我们也很难对各种食材产生白汤的能力进行预测——食材中的成分实在是太复杂了。如何做出乳白色的汤，主要还是靠经验。前面说的大火猛煮，是为了增加搅动。像鱼这样的食材，炖煮之前煎炸一下，有利于蛋白质溶解到水中，因而有助于产生白汤。

不过，如果仅仅是要煮出乳白色的汤，也有投机取巧的办法：比如，直接在汤里加入一些牛奶、奶油或者奶粉，汤就能变成白色了；或者，把含有蛋白质和油的汤用高速搅拌器进行“乳化”，也可以让汤变成乳白色。

会“哭”的酒就是好酒吗

在葡萄酒行业，有一个术语是“葡萄酒的眼泪（tears of wine）”，说的是轻轻摇晃盛了葡萄酒的杯子，液面上方的杯壁上会出现一层液膜，然后这层液膜聚集成液滴，最后流回杯中。在中文里，这种现象被称为“挂杯”。白酒行业也引入这个概念，把挂杯作为一种产品追求。后来，茶行业也开始谈论挂杯，甚至有人把“挂杯香”作为普洱茶品鉴的标准之一。

挂杯是如何产生的？它与酒或者茶的优劣有关吗？

让我们从表面张力说起

在液体中，液体内部的分子和表面的分子处于不同的状态。对于液体内部的一个分子来说，它的周围全是同胞，各个方向的同胞对它碰撞或者吸引，总体上力是互相抵消的，所以它处于一种“动态的平衡状态”中。在运动趋势上，它是没有目标、随遇而安的。

对于表面的分子来说，一面是同胞，另一面是外族——空气分子。液体分子喜欢和同胞在一起，空气分子对它们的吸引力不够大。所以，液体表面的分子都倾向于跑到内部去。这种运动趋势的结果是使得液体的表面积减小。导致液体表面积减小的力，就是表面张力。

表面张力是液体的一种特性，不同的液体，其表面张力可能有比较大的差别。比如在常温下，水的表面张力大约是72达因/厘米，而酒精的则大约是22达因/厘米。

马拉格尼效应

水的表面张力大，酒精的表面张力小，当二者混合的时候，混合物的表面张力便介于二者的表面张力之间。酒精占的比例越高，表面张力就越小。

葡萄酒主要由水和酒精组成，此外还有少量的糖等成分。葡萄酒的度数越高，表示酒精含量越高，而表面张力就越低。

当人们晃动酒杯的时候，葡萄酒会湿润杯壁。当人们停止晃动时，杯壁上就会留下一层酒膜。酒膜中的水和酒精都会被蒸发，但是酒精的蒸发速度比水的要快得多。所以，很快，这层酒膜中的酒精含量就比杯子中的要低了。酒精含量降低，酒膜的表面张力就会增加。

也就是说，杯壁上液体的表面张力比杯子里的要大。自然界总是追求平衡与和谐，于是，杯子中的液体就会向杯壁上流动，来阻止杯壁上的酒膜向表面张力增加的方向越走越远。这种流动使得杯壁上有了更多的液体，最后杯壁上的液体难以抗衡重力，形成液滴流下。这些液滴就是“葡萄酒的眼泪”。

因为表面张力的不同而导致液体流动，就是表面化学中著名的“马拉格尼效应”。

挂杯与葡萄酒品质的优劣有关吗

挂杯的产生是因为表面张力和马拉格尼效应，它产生的关键因素是酒精的含量。酒精含量越高，表面张力就越小，而酒精蒸发之后造成的表面张力差异就越大。这一差异越大，杯中酒往杯壁上流动的推动力就越大，挂杯现象也就越明显。

酒精含量自然是酒的一个指标，但显然不是决定葡萄酒优劣的关键因素。在葡萄酒中，还有糖等其他成分，可能会影响到酒的黏度。挂杯形成的液滴，在重力的作用下往下流，而酒的黏度则是液滴往下流的阻碍。所以，葡萄酒的黏度越高，那么“葡萄酒的眼泪”往下流的速度就越慢，在视觉效果上，挂杯的时间也就越长。

白酒挂杯就表示酒好吗

“葡萄酒的眼泪”并没有被葡萄酒行业作为评判葡萄酒品质优劣的指标。把玩葡萄酒杯，观赏挂杯现象，主要是一种情趣。

白酒的酒精含量一般比葡萄酒的要高，也就更容易出现挂杯现象。在某些白酒生产厂家和白酒爱好者的推动与炒作下，挂杯成了“优质白酒”的一个标志。有的白酒生产厂家甚至在白酒中加入某些添加剂，期望获得更好的挂杯效果。我们需要知道，挂杯的关键是酒精挥发造成杯中的液体与杯壁上的液体之间的表面张力差异，而这种特性是那些传说“可以增加挂杯效果”的添加剂难以实现的。不过，如果添加成分能够增加白酒的黏度，那么或许可以使挂杯的液滴往下流的速度慢一些，在视觉效果上挂杯就更为明显。

普洱茶的挂杯只是望文生义

不管是普洱茶还是别的茶，水中都没有很高含量的易挥发成分。茶水湿润了杯壁，只是湿润了而已。这种湿润不会造成杯壁的液膜和杯中茶水之间的表面张力差异，也就不会有马拉格尼效应来推动液体往杯壁流动。换句话说，茶水不可能形成和“葡萄酒的眼泪”类似的挂杯现象。

说普洱茶存在挂杯现象，只是盗用了酒行业的挂杯说法而已。它所描述的，是留在杯壁上的茶水。这层液膜，除了蒸发掉的部分，其他部分会在重力的作用往下流回杯中。像普洱茶，尤其是普洱熟茶，冲泡时溶出物比较多，不同的茶水可能黏度有较大不同。黏度大的，杯壁上的液膜往下流的速度就慢一些，或者说，留在杯壁上的茶水就会多一些。茶水中内容物的多寡与茶的品质有一定关系，但内容物多并不见得就好喝。所以，用挂杯现象来评价茶的优劣，也不靠谱。

吃蘑菇补维生素D，紫外线来帮忙

一位住在英国的印度素食者虽然平时也吃一些奶制品，不过还是被医生告知体内缺乏维生素D。多次的检测也确认了这一点：他的血清中的维生素D指标只有17，而正常值范围应该是25～120。一般认为，这个指标低于30，婴幼儿有患佝偻病的风险，而成人患软骨病的风险也会增加。与此相应，他的甲状旁腺激素高达9.3，而正常值范围应该是1.6～6.9。医生给他开了维生素D补充剂，不过他大概对于吃药比较抵触，于是决定自己寻求治疗方案。

查阅了许多资料之后，他去商店买了一盏紫外线灯，用来照射蘑菇。每天他都用紫外线灯照射200克左右的蘑菇，然后把它们炒熟吃掉。三个月之后，他再去检查，结果显示其血清中的维生素D指标上升到了39，而甲状旁腺激素降到了5.6，二者都在正常值范围之内。

这很像养生大师们津津乐道的都市传说，不过这是一个真实的故事，而且这个故事被科学家作为一个案例发表在了2008年的《英国全科医学杂志》上。从科学逻辑的角度说，这个案例的证据力度很弱。不过，在三个月中，这位印度素食者的饮食除了增加被紫外线灯照过蘑菇之外，没有其他任何变化，所以不大可能从别的饮食中摄入维生素D。人体中的维生素D也可能通过晒太阳合成，不过鉴于故事发生在英国的冬天，这个人的生活方式也没有发生变化，所以也就不大可能因为日光照射而合成了更多的维生素D。排除了这些可能增加维生素D的途径，看起来最合理的解释就是：紫外线灯照射增加了蘑菇中的维生素D含量。

维生素D是人体必需的营养成分，但天然富含维生素D的食物并不多，只有海产品以及鱼肝油等少数食物的维生素D含量比较高。在通常的食物中，肝、奶制品和蛋黄中含有一点儿维生素D。也就是说，如果不额外补充维生素D，那么通过日常饮食提供身体所需的足够的维生素D并不容易。当然，人们也可以通过晒太阳合成维生素D，不过这种摄入维生素D的途径会受到天气的影响，在日照不足的地区，或者对于那些晒太阳较少的人来说，这种途径就会有局限。所以，在国外，人们摄入维生素D的重要途径是食用强化了维生素D的加工食品。

蘑菇自身含有的维生素D很少。不过，作为真菌，它们会合成一种叫作“麦角固醇”的物质。在紫外线的照射下，麦角固醇会转化成维生素D。这种维生素D与鱼肝油或者海产品中的不完全相同，但吃到体内之后，却能转化成相同的活性成分，从而发挥同样的生理功能。所以，那位印度素食者的“偏方”是有科学依据的。

自然界的蘑菇多少会接触一些阳光，阳光中的紫外线也就可以让这些蘑菇产生一些维生素D。人工种植的蘑菇往往在最佳条件下生长，日光照射并非必须，因而产生的维生素D就会很少。科学家经过研究发现，人工种植的蘑菇在被采收之后接受紫外线照射，依然可以产生大量的维生素D。经过这样的处理，蘑菇就成了“高维生素D蘑菇”。2015年，澳大利亚和新西兰食品管理局发布了一份报告，分别检测了十余种常规蘑菇和经过紫外线处理的蘑菇中的维生素D含量，发现后者比前者要高十倍以上。美国农业部的检测也得到了类似的结果。

紫外线照射能够产生多少维生素D，与蘑菇的种类有关，也与紫外线照射的方式、强度和时间有关。一般使用普通的紫外线灯，照射时间为几秒到几分钟，可以得到前面提到的结果。美国宾夕法尼亚州州立大学的一项研究结果表明，使用市场上销售的“高能脉冲紫外线灯”照射，只需要照射1秒钟，就可以让每100克平菇中的维生素D含量从70单位增加到7700单位。人只要食用几克这样的蘑菇，就可以满足身体一天的维生素D需求。本来几乎不含维生素D的洋菇，经过这种紫外线灯照射1秒钟之后，每100克洋菇中的维生素D含量也超过了3000单位。

对于许多人来说，“天然的”蘑菇是“最好的”——这也无可厚非，因为“好”本身没有确定的标准。考虑到很多人都处于维生素D摄入不足的状态，紫外线照射过的蘑菇在营养价值上就比天然的蘑菇更为优越。

紫外线照射让蘑菇产生了维生素D这种营养物质，那么会不会还产生了什么有害物质呢？至少目前的研究没有发现这一问题。实际上，紫外线照射这个过程在自然界中也存在——阳光中的紫外线也有同样的作用，仅仅是效率低一些而已。对于消费者来说，只是为了照射蘑菇而购买一盏紫外线灯，似乎也没太大必要。把买来的蘑菇放在日光下晒一段时间——比如一个小时，也可以大大增加其中的维生素D含量。

如何降盐不降味

钠是人体必需的营养元素，人体需要用它来进行正常的生理活动，比如维持体内电解质的平衡。对于人们的日常饮食来说，钠更重要的作用是产生咸味。咸，是人体能够感受到的五种味道之一。没有了甜味，人们不至于吃不下饭菜，而如果没有了盐，几乎每个人都会食之无味。

对口味的追求，使得多数人吃下的盐远远超过了维持正常生理功能所需要的量。虽然不能说“高盐有害”是定论，不过学术界广泛认可了“高盐是血压升高的风险因素”这一说法。改变饮食习惯和生活方式，对于预防和治疗高血压有显著作用，而其中将“高盐饮食”改为“低盐饮食”是改变饮食习惯中至关重要的一个方面。

据统计，中国人平均每天吃下的盐多达10克，如果要将每人平均每天的食盐量降到普通人低于6克、高血压或者临界高血压人群低于4克的“科学推荐量”，许多人可能会觉得做出来的菜“淡得吃不下饭”。如何在不降低咸味的前提下“降盐”，就成了现代食品领域的一大挑战。

食用低钠盐是人们很容易想到的一种思路，即用不含钠的咸味物质来代替盐。从根本上说，咸味是由钠离子产生的。在元素周期表中，与钠同一“族”的其他金属，因为其原子结构与钠的有相似性，都有一定的咸味，而且个头越小，咸味越强。比钠更小的锂或许比钠还“咸”，但它的毒性使得它失去了替代盐的资格。此外，与钠最接近的就是钾了。虽然钾的咸味不如钠，但对于一般的健康人来说，多摄入一些钾无害甚至有益，所以钾就被广泛用于低钠盐中。

不过高浓度的钾会产生苦味，这使得氯化钾的使用受到限制。一般的低钠盐中含有25%的氯化钾，其咸度不如普通盐，为了达到同样的咸度需要增加氯化钾的用量。考虑到增加氯化钾的用量之后的钠含量还是低于普通盐的，这样的低钠盐还是有意义的。

苦味是一种很复杂的味道。如果能用其他物质来掩盖它，那么就可以用更多的钾来代替钠了。有一个公司开发了一个配方，用酵母提取物等其他调味物质来掩盖钾的苦味，这样就可以把氯化钾的用量增加至接近50%。

低钠盐的问题在于肾脏功能不足、心脏功能有障碍的人和糖尿病患者的钾代谢可能存在问题，所以摄入过多的钾有可能导致他们出现“高血钾”症状。对于这些人群来说，食用以氯化钾为基础的低钠盐就存在着风险，所以没有医生的指导，最好不要食用。

那么，有没有纯粹的增加咸度的方法呢？实际上，上面所说的在低钠盐里加入酵母提取物，就用到了“增味效应”。用氯化钾取代了一半的氯化钠之后，按理说咸度会下降，但在其他成分的“增味”作用下，这种低钠盐整体的咸味与普通盐的一样。在生产这种盐的那家公司的宣传材料里，这种盐在外观、咸味、使用性能上都不比普通盐逊色，可以实现“等量取代”。

其实这种增味效应并非酵母提取物所独创。味精就是一种增味剂。味精的化学成分是谷氨酸钠，也含有钠，所以许多人认为味精的使用会增加钠的摄入量。实际上恰恰相反，味精可以使相同浓度的钠尝起来更咸。要实现相同的“咸度”，可以单独使用盐，也可以用少一些的盐加一些味精。在后一种情况下，味精中的钠加上盐中的钠的量，还是要比单纯用盐时的钠的量少。

在五种基本味道之外，日本学者提出了“第六味”的概念，并把它命名为“kokumi”。kokumi并非一种具体的味道，而是一些能够增加其他味道的成分。如果食物中存在这种kokumi的成分，那么就可以用更少的盐实现同样的咸味。

通过味精来降盐是一种kokumi的思路，前面提到的酵母提取物也是如此。虽然kokumi的说法还没有得到广泛认可，但是这种思路的使用已经有悠久的历史。除了味精和酵母提取物，蘑菇和西红柿中也有kokumi的成分，酱油等蛋白质水解产物也可以起到同样的作用。对于心灵手巧的厨艺爱好者来说，巧妙地使用这些食物原料来“调味”，在不牺牲口味的前提下降低盐的用量，是非常容易的事。

咸味是由钠离子产生的。在一般的食物中，盐已经分解为离子，也就没有区别。不过对于直接食用的固体调料粉，比如中国传统的椒盐粉，爆米花、薯片或者饼干等零食上的调料，盐颗粒在舌头上溶解的速度会影响到咸味的强度。有一个公司对普通盐进行加工，把盐的颗粒减小到了纳米尺度，从而大大增加了盐的溶解性能。根据他们的测试，用这些纳米盐来实现相同的咸度，盐的用量能够减少25%～50%。

从根本上说，降盐最直接的途径是使人们逐渐适应清淡的口味。人的口味容易适应缓慢的变化，通过“温水煮青蛙”的思路，可以循序渐进地使自己适应低盐饮食，而这些“降盐不降味”的途径，则可以通过技术来解决健康和美味的冲突。

如何改变蛋黄的颜色

蛋黄虽然叫“蛋黄”，但它的颜色并非只有黄色。实际上，蛋黄的颜色可以是从很浅的黄到很深的黄，甚至橙红等各种颜色。在食品行业中，人们通常比照“罗氏比色扇（RYCF）”来确定蛋黄的色度。颜色越浅，数值越低；颜色越深，数值越高；最高为15。

蛋黄的颜色只取决于蛋黄油中类胡萝卜素的含量。类胡萝卜素有很多种类，存在于蛋黄中的主要是叶黄素类。虽然有一些研究显示叶黄素类物质对人体健康可能有一定价值，但它不是人体必需的营养成分。我们从鸡蛋中获取的主要营养成分是蛋白质、脂肪、卵磷脂、维生素和矿物质，叶黄素类物质的含量高低对这些物质的吸收没有影响。

所以，科学界的共识是：蛋黄的颜色，与其营养价值无关。

不过，广大消费者并不接受科学界的这一共识。根据市场调查，如果蛋黄色度低于9，消费者就会觉得这种鸡蛋的品质不高。多数消费者愿意接受的蛋黄色度在9～12之间，蛋黄色度在12以上的鸡蛋会被当作优质鸡蛋而倍受欢迎。许多以蛋黄作为原料的食品，比如烘焙食品、意大利面和蛋黄酱，蛋黄的颜色显得更加重要——如果色度不够，容易被消费者认为加入的鸡蛋不足。

从营养学的角度来说，消费者对蛋黄的认知是一种误解，但是，食品行业的生存之道是满足消费者的需求，哪怕这种需求不够科学理性。如何改变蛋黄的颜色，也就成了禽蛋生产中的一大课题。

蛋黄的颜色来源于脂肪中的色素。理论上，任何脂溶性色素都可以改变蛋黄的颜色。正常情况下，蛋黄中的色素是类胡萝卜素，其中主要是含有羟基的叶黄素类以及少量胡萝卜素。蛋黄中的这些色素的含量和种类，又与喂养鸡的饲料密切相关。在鸡的饲料中，叶黄素、玉米黄素和β-隐黄质是主要的色素类型。比如，苜蓿中的叶黄素占其色素总量的46%，藻类则高达86%，而黄玉米中叶黄素占54%、玉米黄素占23%。

饲料中的色素要经过母鸡小肠的吸收和体内的转化，最后才沉积到蛋黄中。不同色素的沉积效率和呈现出的颜色不尽相同，这就使得蛋黄颜色随着饲料的差异波动很大——哪怕是同一只母鸡所下的鸡蛋，蛋黄色度也可能相差几个等级。

色素的化学结构是决定其沉积效率的首要因素。叶黄素和玉米黄素含有两个羟基，角黄素含有两个酮基，它们沉积到蛋黄中的效率就比那些只有一个羟基或者一个酮基的色素要高。那些维生素A前体，比如β-胡萝卜素，在体内会高效地转化成维生素A，也就很少能沉积到蛋黄中。

饲料中的抗氧化剂和脂肪对于色素沉积到蛋黄中的效果也有很

大影响。有学者发现，如果母鸡体内缺乏类胡萝卜素，那么饲料中的叶黄素类就会有相当一部分转移到母鸡的血液、肝脏和卵巢中。如果饲料中的脂肪含量低，那么β-胡萝卜素等维生素A前体还会导致蛋黄颜色变浅。科学家们推测，这是因为它们都要溶于脂肪才能被吸收，而脂肪的缺乏使得它们被吸收的机会受到限制。抢占了机会的β-胡萝卜素最后转化成了维生素A而不会进入蛋黄，而叶黄素因为吸收机会被抢也无法到达蛋黄。如果增加饲料中的脂肪，则二者都能被充分吸收，β-胡萝卜素等维生素A前体对叶黄素的抑制作用就会被消除。

2010年，丹麦学者在《农业与食品科学杂志》上发表了一项研究，让母鸡在自由进食基本饲料之外，分别补充70克黄色、橙色或紫色的胡萝卜。在这三种胡萝卜中，叶黄素和玉米黄素含量很低而且相差不大，胡萝卜素占据主导地位且在三种胡萝卜中含量差异明显。正如前面提到的，叶黄素和玉米黄素沉积到蛋黄中的比例很高，这项研究中测算出来的沉积率在20%~30%之间。尽管如此，因为三种胡萝卜中叶黄素和玉米黄素的含量低而且互相之间相差不大，所以对最终蛋黄颜色的贡献不大。胡萝卜素虽然沉积率很低，这项研究中测算出的数字不到1%，但因为含量高最后沉积的量还是很大的。最后得到的蛋黄颜色，也与三种胡萝卜中色素的总含量趋势一致，即：对照组、黄色胡萝卜组、橙色胡萝卜组和紫色胡萝卜组的蛋黄颜色依次加深。

美国学者2004年在《国际家禽科学杂志》上发表的一项研究，

则通过添加天然的色素来改变蛋黄颜色。他们使用了黄色的万寿菊提取物、红色的红辣椒提取物以及角黄素三种合成类胡萝卜素，在饲料中按照不同的组合进行添加。结果发现，这些色素的添加只改变了蛋黄的颜色，对母鸡的生长和产蛋都没有影响。不加任何色素的对照组蛋黄色度低于4，7.5ppm（1ppm=百万分之一）的万寿菊提取物加4ppm辣椒提取物可以把蛋黄色度提高到10～12，而饲料中添加了合成类胡萝卜素的蛋黄色度大多数超过了13。

许多人以蛋黄颜色来判断“土鸡蛋”与“洋鸡蛋”。如果母鸡吃青草较多，那么得到的“土鸡蛋”蛋黄颜色的确会深一些。不过只要控制饲料，“洋鸡蛋”也可以得到同样甚至更深颜色的蛋黄。简单来说，如果喂白玉米饲料，那么蛋黄颜色会很浅；喂小麦、大麦或者燕麦，蛋黄呈现浅黄色；喂黄玉米和苜蓿，蛋黄颜色会深一些；喂万寿菊、羽衣甘蓝或者青菜，则可以得到深黄色的蛋黄；如果喂胡萝卜、西红柿或者红椒，那么就可以得到橙色甚至红色的蛋黄。

当然，需要注意的是，某些不法禽蛋生产厂家可能会通过在饲料中添加非法色素来改变蛋黄颜色，比如添加苏丹红。苏丹红是脂溶性的色素，可以从饲料中沉积到蛋黄里，从而使母鸡产下的鸡蛋的蛋黄是所谓的“土鸡蛋颜色”。

水啊，你慢些走

在许多干脆食物，比如瓜子、花生、饼干等食物的盒子或者袋子里，我们经常会发现一个不能吃的小袋子，那便是“干燥剂”。那么，干燥剂有什么作用？它们并没有与食物接触，又是怎么发挥作用的呢？

事情先得从食物中的水说起。

对于水来说，食物就像一座围城。里面的水想出来，外面的水想进去。想进去的水分子多，宏观上看起来就是食物在吸收水分；反之，想出来的水分子多，宏观上看起来就是食物在变干。如果想进去的水分子和想出来的水分子一样多，我们就说食物中的水和环境中的水达到了平衡。在这种状态下，空气中水蒸气的压力与这个温度下纯水的饱和蒸汽压的比值，便是这个温度下这种食物的“水活度”。

空气中总是会有一些水蒸气的，它们的压力与这个温度下纯水的饱和蒸汽压的比值叫作“相对湿度”。如果食物的水活度大于环境的相对湿度，就意味着想离开食物的水分子多；反之，如果水活度小于环境的相对湿度，就意味着想跑进食物的水分子多。比如，蜂蜜中的水活度大致在0.5～0.7，而通常空气的相对湿度也在这个范围内。如果一瓶蜂蜜的水活度是0.6，把它开盖放在干燥的环境中（比如相对湿度是0.5），它就会蒸发掉一些水分，沉淀出糖来。如果把蜂蜜放在潮湿的环境中（比如相对湿度是0.7），开盖之后蜂蜜就会吸收空气中的水分，从而被稀释。

大多数时候，我们并不希望食物发生水的迁移现象。我们都是按照某些特定的标准来制作食物的，所以希望它在保存过程中能够保持那个状态。水的含量对于食物的口感至关重要，尤其是那些酥脆的食品，它们吸水之后会变软，口感也就不太好了。像麦片、饼干之类的食物，如果水活度高于0.65，就难以保持最初的酥脆。“嫩”“软”的口感，则需要有充足的含水量来保证。苹果被削皮后暴露在空气中很快就会变得干瘪，不仅难看，也很难吃。

在现代食品技术中，控制水的流动是保证食物品质的一项重要工作，在食物中放入干燥剂是最简单直接的一种方案。干燥剂针对的是那些需要保持干燥的食物。这些食物的水活度很低，在通常情况下都会吸水。干燥剂是水活度更低、吸附能力很强的物质。只要空气中有水，它们就如狼似虎地抓过来据为己有。虽然食物本身也有吸水的想法，但是吸水魅力无法与干燥剂竞争，吸引不到什么水分子，也就只好继续保持干燥了。

在食品生产过程中，控制水的流动更常用的办法是加上包装膜。比如饼干通常会用金属膜或者塑料膜来密封，不撕开包装膜的话，饼干可以长期保持酥脆。而至于现在流行的零食“能量棒”，对它的含水量进行控制显得更加关键，失水了能量棒会变硬，嚼起来费劲，吸水了软乎乎的不筋道。为了保证能量棒的保质期，限制水的流动甚至比抑制能量棒中的细菌生长更为迫切。

防止水活度低的食物吸水，干燥剂、金属膜、塑料膜都是方便有效的方法。为了防止水活度高的食物失水，这些方法就都有问题——干燥剂显然是不能用，金属膜和塑料膜总让人产生“万一有害成分溶到食物中”的担忧。

在广阔的市场需求下，“可食用膜”很快异军突起。顾名思义，可食用膜是用可食用的原料制造的，不仅不必担心“有害成分溶到食物中”，它们本身也可以被食用。大多数的可食用膜是用蛋白质、纤维素类多糖或者淀粉制造而成的。牛奶蛋白、大豆蛋白、玉米蛋白、谷胶蛋白等，都可以被制成这样的薄膜。虽然价格要贵一些，但是其“可食用”“可降解”的特质，让人们愿意去容忍它们的不足。

可食用膜主要有两大缺陷：一是机械强度不够强；二是密封效果不那么好。好在我们保存食物并不需要“天长地久”，“曾经拥有”就可以了——只要能让食物中的含水量在一定时间内的变化别那么明显，这种可食用膜就可以上岗。新鲜蔬果的要求更加娇气——既要防止水分的散失，又要允许氧气和二氧化碳的适当流动——因为蔬菜水果被采摘之后并没有死亡，隔绝了空气，就会把它们“憋坏”。比如，本来蔬菜水果是要进行有氧呼吸的，完全密封之后氧气不足，可能就会转入无氧呼吸，结果产生出一系列不同的代谢产物，其风味就完全不同了。

为了扬长避短，可食用膜更多的时候并不做成单独的膜，而是直接涂在食物表面。人们最熟悉的例子恐怕是“苹果打蜡”。实际上人们往苹果上打的不是大家通常以为的“蜡”，而是一些多糖，比如虫胶。打蜡的结果并不只是好看——虽然它的确对苹果有美容的效果——更重要的是阻止了水的流失。消费者在购买苹果时可以做的选择是：是选择完好多汁的打蜡苹果，还是选择皱缩失水的“自然”苹果？

其实这种在食物表面形成膜来保水的技术古已有之。比如炒肉，肉的“老”“嫩”与其中的含水量密切相关。在加热过程中，肉中的水会流出来，失水过多，肉就变“老”了。炒肉中经常采用的“嫩肉”手段是“勾芡”，就是把肉与一定量的淀粉充分混合，在肉的表面形成很薄的一层淀粉。炒肉的时候这层淀粉在高温下迅速糊化，变成了一层“可食用膜”。这层膜阻止了水的流失，也就保持了肉的“鲜嫩”。如果淀粉加得太多，那层膜太厚，就会延缓热量往肉中的传递，为了保证将肉炒熟，人们不得不延长烹饪时间，这反倒给了肉中的水更多的时间来克服困难逃出围城。

实际上，现在的可食用膜的作用已经远远不只是控制水的流动。在这层膜中，还可以加入抗菌成分、抗氧化剂、香味成分、色素等，甚至还可以加一些营养成分。于是，这层膜不仅仅是保护食物的卫士，其本身也变成了有价值的食物成分。

味道也能充饥吗

很多人都有这样的经历：狼吞虎咽需要吃很多才能感觉到饱，而细嚼慢咽却可以让人在吃得比较少的情况下感觉到饱。荷兰科学家进行的一项研究找到了产生上述现象的机理：咀嚼产生的味道，也能够让人产生饱足感。

当人们看到一盘食物时，会同时闻到它的气味。这是因为一些挥发性的分子通过鼻子进入鼻腔，刺激嗅觉细胞产生了针对这些分子特有的神经信号，当这些信号被传送到大脑时，人就感知到了它们的气味。这种感知被称为“常规嗅觉”。

当我们把食物吃进嘴里，咀嚼之后还会有一些气味分子从口腔后部进入鼻腔。这些分子也会产生嗅觉信号，这种感知被称为“鼻后嗅觉”。对于我们享受食物的美味来说，鼻后嗅觉甚至更加重要。在吃的时候，如果感冒鼻塞，或者故意把鼻子捏住，那么就感受不到除酸、甜、苦、咸、鲜这“五味”之外的其他味道了。这是因为只有这五种基本味道是通过舌头感知的，而其他的各种味道，都需要通过鼻后嗅觉来感知。

科学家们设计了一种仪器，可以检测出人们在吃各种食物的时候从口腔后部进入鼻腔的气味分子组成以及浓度。他们找来几十个实验志愿者，请志愿者吃下不同的食物，然后分别检测他们鼻腔内的气味分子组成和浓度。有意思的是，同一种食物，不同的人吃下之后感受到的气味分子浓度大不相同；而同一个人，吃下不同食物后产生的气味分子浓度也不一样。不过，对一种食物的气味感受强烈的人，对于其他食物气味的感受也会更加强烈。一般来说，人们吃固体食物所产生的气味浓度要大大高于吃流体食物所产生的气味浓度。

科学家们怀疑这些气味分子产生的鼻后嗅觉会引发人体释放饱足信号。如果是这样的话，这一机理就可以解释为什么吃下同样重量的食物，固体形态的食物会比流体形态的食物让我们感觉更“饱”。

科学家们发明了一种仪器，这种仪器可以按照设计好的组成和浓度释放不同的气味分子。后来科学家们做了一个实验：先分别记录下15个实验志愿者吃下同一种奶酪后的鼻后气味的组成和浓度；在接下来的三天里，让志愿者们自由地吃同样的奶酪。不过，在吃奶酪的同时，科学家们往他们的鼻腔里分别注入他们自己的鼻后气味组成，浓度分别为自然浓度、自然浓度的四倍以及自然浓度的四分之一。当然，这些志愿者并不知道那天注入的是多高浓度的鼻后气味，只是吃奶酪直到自己感觉饱了为止。

实验结果很有趣：虽然每个人吃的奶酪多少不一，但是总体而言，被注入的鼻后气味浓度高的人吃的奶酪要少一些。这支持了科学家们最初的假设。也就是说，咀嚼食物时产生的气味分子可以引发饱的感觉，从而影响进食量。当我们吃固体食物的时候，往往要花更长的时间来咀嚼，释放的气味分子就更多，从而引发人体释放更强烈的饱足信号，因此，我们就感觉更饱。

按照同样的思路，科学家们又做了另一个实验。这次志愿者们吃的是草莓味的酸奶。草莓味道的基本来源是丁酸乙酯，实验中的一种酸奶就只用丁酸乙酯来调味，而另一种则调成“复合草莓味”——除了丁酸乙酯，还含有十几种其他的成分。在品尝评估中，志愿者能够分辨出复合草莓味酸奶的味道更加复杂，但是对两种酸奶在外观、味道、气味、回味等方面的评价没有区别。当然，在口感上，他们更喜欢单一草莓味酸奶。这样，当他们喝这两种酸奶的时候，科学家们就可以认为他们喝下的量主要受饱足感的左右，而其他方面的影响可以忽略。

这个实验与上面的奶酪实验类似，科学家们也是往志愿者们的鼻腔中注入了相应的鼻后气味之后，请志愿者们自由地喝酸奶。结果是，复合草莓味酸奶的鼻后气味更容易让人产生饱足感，被注入这种鼻后气味的志愿者喝的酸奶要少一些。

这个实验结果令人鼓舞，它说明改变食物的味道可以影响人们进食的总量，从而有助于减肥。不过人们吃东西的时候显然不会往鼻腔里注入气味分子，所以更现实的实验是直接喝这两种味道的酸奶。

可惜的是，在分别喝这两种酸奶的时候，志愿者们喝的量没有实质上的差别。科学家解释说可能是这两种味道所导致的饱足感差异不够大，不足以影响人们的胃口。不过聊以安慰的是，当志愿者们分别描述喝了这两种酸奶后一段时间内的饱足感时，复合草莓味的酸奶稍胜一筹。

从这些研究来看，食物的味道很有可能影响我们的饥饱感觉。不过，能否利用这个现象设计出容易让人们产生饱足感的食物还是一个未知数，由此设计出“减肥食物”就更加不确定了。

吃苦不吃苦，基因做决定

我们经常用“能吃苦”一词来形容一个人的精神品质，这里的“苦”当然不是它的本意。苦的本意是一种味道，一种令人不愉悦的味道。进化学家认为，人类对苦味的感知是一种保护机制，因为自然界中产生苦味的那些物质，比如植物中的生物碱往往是有毒的，对苦味敏感的人就更容易发现有毒的食物，从而获得更多的生存机会。

1931年，一位名叫福克斯的化学家公布了一项发现：对于同样的苦味物质苯硫脲（PTC），大约28%的人尝不出苦味。后来的研究发现，这个比例与人种密切相关，比如中国汉族人中尝不出苯硫脲苦味的人只有百分之几。

PTC因此成了研究苦味与遗传的一个工具。后来科学家发现另一种叫作丙硫氧嘧啶（PROP）的物质，更适合作为研究苦味与遗传的工具。人们对它的敏感情况与PTC的不同，大约有25%的人尝不出它的苦味，50%的人觉得一般苦，而另外25%的人则感觉非常苦。感觉非常苦的这部分人，被称为“超级品尝者”。尝不出苦味的那部分人，大概可以被称为“苦盲”。

不过味道是很复杂的现象，不仅与人的身体结构有关——而这一般是由遗传决定的，还与后天的培养以及文化传统有关。科学家根据人们对PROP的敏感性来确定哪些人是超级品尝者，但PROP只是众多苦味物质中的一种。超级品尝者通常对其他的苦味物质也更加敏感，但也存在一些例外。那些尝不出PROP苦味的“苦盲”，对其他苦味物质并不见得也“盲”——这也就可以解释，虽然平均四五个人中就有一个“苦盲”，但是我们几乎没有听说过谁不知道苦是什么味道。

在远古的时候，祖先们只能依靠自己的眼睛和舌头来确定食物是否安全，超级品尝者当然就有了更大的生存优势。到了今天，人类对食物安全性的评估已经有了许多精确而且非常可靠的仪器，用舌头来尝味道从而估计毒性，就显得很原始而且可靠性很低。那么在今天，一个超级品尝者还有没有优势可言呢？

超级品尝者确实可能对其他味道比如酒味、咸味或者甜味等也很敏感，这意味着进食同一种食物，他们可以在摄入较少的情况下，产生与普通人摄入较多后相同的感官享受。很多时候人们为了健康不得不舍弃一些美味，而超级品尝者做出的牺牲就要小一些。

当然，超级品尝者的敏感也可能会使他们对于口味更加挑剔。比如很多超级品尝者对辣味更加敏感，所以他们很难享受川菜和湘菜的精华。还有很多天然的食物，比如豆类、茶、咖啡、橄榄等，都含有一些苦味物质。它们的苦味对普通人或苦盲们来说没有多大的困扰，而对超级品尝者来说就无法接受。久远的祖先生存的优势，到今天反倒使他们失去了不少舌尖上的乐趣。

降低或者去除食物中的苦味是现代食品技术中的一大挑战。为了让小朋友吃下苦的药，妈妈们可能会用糖水来送服。在日常语言中，苦的反义词是甜，所以人们会有“加糖可以去除苦味”的错觉。实际上，人类感受苦味和甜味的受体并不相同，苦味物质和甜味物质可以共存，甜味也不能真正地“中和”苦味。我们觉得加糖之后药不那么苦了，是因为强烈的甜味把大脑的注意力吸引了过去，从而让大脑忽视了苦味。这好比有几个人在小声说话，如果此时有人在旁边大声喧哗，我们听到的就是喧哗的声音，但如果仔细听，那窃窃私语的声音依然存在。那些经过培训的专业品尝师，就能够不受糖的干扰而品尝出苦味，并且给出相当准确的苦味强度评价。

对于吃饭，我们关心的是整体的结果，当然用不着关心苦味是不是真的被消除了。通过加入其他的味道来掩盖苦味等不受人待见的味道，也一直是食品生产厂家的秘籍。对于苦味，釜底抽薪的思路则是：将食物分离纯化，找到苦味物质，然后通过细胞生物学技术识别出舌头上对这些苦味物质的受体，再找到安全可食用、能与受体结合、却不产生苦味信号的物质，加到食物中去“阻击”苦味物质。这种思路的研究有了一些进展，不过距离实际运用尚有比较远的路要走。

以人为仪器评估风味

人们利用现代技术制造出了各种各样的精密仪器，对物质的分析可以达到分子水平，但是对于风味的测量，却一直没有什么好的办法。在食品开发中，风味是至关重要的一个方面。怎样才能对一种食物的风味进行“客观”的描述呢？

风味的好坏是人的主观感受。要衡量风味，自然就要以人的感受为准，但是，不同的人有不同的口味偏好。自己做饭自己吃的话，“我喜欢”就是黄金法则；而生产面向市场的商业化食品，当然是“最多的人觉得好才是真的好”。

食品生产厂家要生产出“最多的人觉得好”的食品，就只能通过大量吃货的反馈来评估了。比如，一个面包店新开发了一种面包，想知道消费者对它的感觉如何，于是找来许多消费者（通常是几十上百人），请他们分别品尝这种新口味的面包和一种“参考面包”，然后请他们给两种面包分别打分，比如1代表最不喜欢，9代表最喜欢。把所有人对某种面包的评分加以平均，最终便得到某种面包的平均得分。面包店的负责人通过比较两种面包的平均得分，就可以评估这两种面包的差距。

当然，实际的评估过程要复杂一些。通常面包生产者会把人们评价面包好坏的指标，比如外观、蓬松程度、闻起来的味道、嚼起来的口感、入口的味道等列出来。通过顾客对这些分项指标的评分，面包生产者可以比较出两种面包在各个方面的高下，然后有的放矢地加以改进。

食品生产厂家在开发一个新产品代替旧产品的时候，可以用上面所说的评分法来比较新旧产品的差异，也可以用另一种常用方法"三角法"。"三角"的意思就是，给品尝者三个样品，一新二旧或者一旧二新，请他们挑出那个不同的来。因为三选一蒙对的可能性也有三分之一，因此运用这一方法时需要选择较多的品尝者，还要用统计分析的工具来分析大多数人是蒙对的还是真的能分辨。比如，100个人中有40个人选对了，选对的比例是40%，乱猜也会有33.3%的比例蒙对，统计分析的结果是这两个比例没有实质上的差异。也就是说，这个40%的偶然性很大，不应该认为新旧两种面包之间有明显差别。如果100人中有45个人或者更多的人选对了，我们就可以认为新旧两种面包真的不同。

还有一种方法是"排序法"，通常用于比较不同的配方或者不同的食品制作过程。方法是给品尝者几个样品，请他们按照喜欢的程度来排序。生产厂家对结果进行统计分析，就可以确定哪种制作方法更好。

这种评估方法的好处是代表了消费者直接的喜好，局限是结果受测试者个人饮食喜好的影响很大。比如测试豆浆，有的地区的人对甜的评价高，有的地区的人对咸的评价高。这样，测试者的代表性就非常重要。面对不同的市场和不同的人群，需要选择不同的测试者。一个地区的测试结果，在另一个地区不一定适用。

在食品研发中，还有一些品尝评估是为了弄清成分或加工过程对风味的影响，这时，排除个人喜好的影响以获得客观的数据就非常重要。为了实现这种目标，生产厂家就需要品尝者对产品进行“描述性评估”。

这种评估过程，类似于把人当作仪器。首先，实验者要确定评估指标。比如要评价一杯草莓饮料，可以有气味、酸味、甜味、苦味、涩味、草莓味、黏度、入口的颗粒感等分项指标。其次，要对人进行“校准”。为每种风味找一个“标准”，比如甜味用糖、酸味用醋、苦味用咖啡因、涩味用单宁等。每种标准配成不同的浓度，用来表示不同的“度”，比如2%的糖代表甜度2，5%代表甜度5，10%代表甜度10等，而咸味，0.2%可以用来代表2度，0.6%就代表6度。

将这些“仪器人”的口味进行校准需要经过长时间的训练。实验者每次让大家先尝标准样品，再尝未知样品，然后判断未知样品的强度。比如，如果一个样品的甜度在2～5，那么就根据更靠近哪边，决定其甜度是3或者4。因为打分是与自己的标准相比，所以不管是否喜欢甜食，给出的分数都应该是3或者4。经过多次训练，当大家对同一样品给出的分数相差较小时，“仪器人”就训练好了。对那些无法设计标准样品的气味，比如某种饮料中青草的味道，就只能给“仪器人”一把青草闻闻，让“仪器人”找到“青草味”的感觉，然后参考其他指标的强弱来确定强度了——比如说，刚刚能够闻到的是2，而极为强烈的是15。

校准“仪器人”的时候是针对每一种单一的气味或者味道进行校准，但是评估一种食品的时候，却是各种气味和味道的综合。对于评估者来说，就需要识别出每一种单一的指标，并尽量不被其他的指标所干扰，这有点儿像在交响乐队的演奏中分辨出各种乐器的声音。不同的是，食品的有些风味会互相影响，所以评估者识别起来可能比识别乐器还要难一些。

培训“仪器人”的工作量很大，因而这种“描述性评估”的测试者人数通常比那种“消费者评估”的人数要少得多，十来个人也可以算比较大的样本量了。不过，因为数据的“客观性”更高，所以可以得到更加有价值的数据。

在科学研究中，牵涉到人的实验总是费时费力。能不能用仪器来完成这些检测呢？许多仪器公司正在做这样的努力，也推出了一些“电子舌头”“电子鼻子”。这些“电子舌头”“电子鼻子”也需要“培训”和“校准”，相关技术还不是很成熟。目前食品行业的品尝评估，大多数还是以人为评估者来进行，或许在将来仪器能够代替人，它们的表现也许会更加灵敏。

如何去除果蔬上的农药残留

现代农业是随着农药和化肥的发展而发展起来的。当人们越来越关注健康时，果蔬上残留的农药也就越来越引起人们的忧虑。其实，“农药”是一个很宽泛的概念。有人把肥料之外的所有农用物质都叫作农药，而有人只把“化学合成”的用于抗虫杀菌的药物叫作农药。

不论按照广义的还是狭义的概念，农作物在种植中使用的农药种类都非常多。我们经常能在新闻媒体上看到“某某果蔬被检测出多少种农药”的报道。在讨论如何去除这些农药残留之前，我们先阐明两点常识。

第一，“检测出农药残留”与“危害健康”不是一回事。任何农药都需要达到一定的量才会产生危害。这个“不产生危害的量”是由国家标准来进行规范的。科学家一般在动物身上进行“有毒物质”的毒性研究，方法是用不同剂量的农药喂养（或者以其他方式让动物接触），找出动物“不表现出任何异常的最大剂量”。考虑到人和动物的差异以及人与人之间的“体质不同”，科学家一般用动物实验剂量的百分之一来作为人的“安全剂量”，再根据人们每天可以吃到的食物的最大量，来制定食物中的“安全上限”。可以说，基于目前科学对于某种农药的认识，只要人们摄入的农药不超过这一上限，就可以认为摄入的农药对人体没有健康风险。如果有新的科学数据出现，显示在更低的剂量下也可能有害，那么国家就会修改安全标准。

第二，“有多少种农药”与“有害剂量”是两回事。不同的农药是针对不同的虫害或者病害的，作用机理一般不同。即使有同类的农药作用会累加，也还是根据其“残留量有多大”，而不是根据“有多少种”来判断农药残留是否有害。也就是说，如果每种农药的残留量都低于国家标准，那么这些农药残留对身体的危害就可以忽略；如果农药的残留量超标，那么即使只有一种农药残留，也是不合格产品。

农药毕竟对人的身体没有价值，而“安全数据”都是通过实验数据来推测制定的，所以，我们还是希望尽可能地降低它们的残留量。通过开发毒性更低的农药、规范农业生产中农药的使用，是减少果蔬上的农药残留的根本途径。对于消费者来说，有哪些方法可以去除果蔬上可能存在的农药残留呢?

科学界对此进行了许多研究。各种农药的特性不同，而任何去除方法都是针对某一特性的。也就是说，有的方法对去除某些农药有效，但对于去除另一些农药可能无效。要想找到一种能去除所有农药的“万能”方法，基本上是不可能的。

比利时学者在2010年的《食品与化学毒理学》杂志上发表了

他们总结出来的去除果蔬农药残留的研究综述。他们发现焯水、去皮、油炸、清洗（并结合其他处理）是最有效的几种途径。其中油炸平均可以去除90%的农药残留，焯水则可以去除接近80%的农药残留。不过考虑到多数蔬菜水果并不适合油炸，而油炸本身又会带来高脂肪、高热量，还会破坏果蔬中的营养成分，所以油炸并不是一种好的选择。焯水，即将食物放到开水中烫一下就捞出来，这种方法高效，而且对营养成分的破坏比较小，对于很多蔬菜来说简单易行。有意思的是，如果焯或煮的时间过长，对农药的去除效率则会明显下降，该综述的计算结果是平均不到20%。这有可能是经过长时间的加热，蔬菜的细胞被破坏了，溶到水中的农药又重新进入到了蔬菜中。

加热对于农药的影响可能比数字显示的更加复杂。比如说，有些农药在高温下会分解，而分解的产物有些无毒，有些却可能毒性更强。在不清楚具体情况的前提下，通过烹饪前的处理来去除农药残留，无疑是更好的方案。

科学家对清洗这种方法研究得最多。美国康涅狄格州政府的一个部门曾经进行过一项规模比较大的清洗去农药残留的研究。他们选取了28批次的生菜、草莓等果蔬，分别检测清洗前后几种常见农药的含量变化。他们使用了自来水、洗涤灵以及4种专门的“果蔬清洗剂”。结果发现，每种方法都能显著降低农药残留，但是那些专门的果蔬清洗剂与清水相比，在去除农药残留的效率上没有区别。他们还发现，这些农药是否容易被洗掉，与它们的溶解性关系很小，主要与被清洗时所产生的机械运动有关。所以，他们的建议是在自来水下冲洗30秒以上，并伴随搓洗动作。

有人喜欢用盐水来浸泡果蔬。这个方法对于去除某些果蔬上的某些农药是有效的，比如在一项研究中，科学家用浓度2%的盐水将青椒浸泡10分钟后再清洗，可以去除青椒上的80%以上的农药残留。如果有的蔬菜表皮细胞被这些浸泡溶液破坏，那么溶到水中的农药又有可能进入蔬菜中，类似于焯或煮的时间过长的情况。

清洗能够去除果蔬表面的农药，但是对于渗入皮内的农药就无能为力了。一般而言，渗入的部分主要分布在表皮内，所以去皮是很有效的手段。比如土豆，去皮可以去掉70%以上的农药残留。

总结一下，去除果蔬农药残留的三个法宝是：清洗、去皮、烹饪。如果不放心，食用果蔬尽量多样化也会有帮助。种植者在种植不同的果蔬时所使用的农药不同，多样化的选择也就可以减少每种农药的摄入总量。不同的农药不一定会产生累加危害，所以食用果蔬多样化就有助于减少“万一存在的风险”。

在日常生活中，我们还经常听到以下各种去除农药残留的方法，现在分别简评如下。

1. **碱水浸泡：**有一些农药在碱性条件下更容易被分解，这种方法对于去除某些农药残留可能有一定的帮助，但是效果有限。

2. **淘米水、面粉水：**主要靠颗粒增加水与果蔬表面的摩擦力，从而提高去除农药残留的效率，但是仅仅靠浸泡，效果有限。

（以上两种方法简单易行，可能浪费精力，但基本无害也不费钱，不怕麻烦的话可以试试。需要注意的是，如果碱的浓度过高、浸泡时间过长，有可能导致果蔬表皮细胞破裂，农药残留反而会往果蔬内部渗透。）

3. **果蔬清洗剂：**主要靠表面活性剂的“去污”能力去除农药残留，类似于洗衣服。一般而言，农药水溶性差（不然早被雨水冲掉了），附着在果蔬表面。表面活性剂要“去污”，需要与农药充分接触进行“乳化”，仅靠浸泡很难实现“去污”目标。（不推荐使用）

4. **贝壳粉：**贝壳粉是将经过高温煅烧的贝壳磨成粉，其去除农药残留的成分与石灰的是一样的。贝壳粉对于去除某些在碱性条件下不稳定的农药有比较好的效果，不过仅此而已。至于贝壳粉的其他卖点，主要是噱头。（不值得采用，实在想用，可以买食品级的烧碱或者石灰，价格便宜量又足，效果差不多。）

5. **超声波清洗：**超声波在水中会产生局部高压，对于清洗果蔬表面有较好的去污效果，但是用于去除农药残留，目前见到的资料不多，而且大多数材料都是超声波产品的推销广告。需要注意的是，超声波会导致那些比较“娇嫩”的果蔬细胞破裂，从而使得果蔬表面的农药残留向果肉渗透，反而可能降低清洗的效率。（不推荐使用）

6. **臭氧处理：**臭氧具有强氧化性，能够破坏某些农药的结构，使其发生降解，但是要注意以下几个问题：1. 农药的种类非常多，能够被臭氧降解的只是其中一部分；2. 臭氧降解农药残留的效率取决于其浓度和作用时间，市场上销售的臭氧机能否产生需要的臭氧浓度很难说——据非官方的调查，多数臭氧机难以产生需要的臭氧浓度；3. 臭氧降解农药得到的产物是否有害，并没有科学数据。即使臭氧机能够产生去除农药的臭氧浓度，作用时间也需要足够长，在这种情况下，臭氧处理对于果蔬中的营养成分是否会造成损失，也缺乏科学数据。（不推荐使用）

7. 复合酶：特定的酶可以高效地降解特定类型的农药残留。理论上，只要找到能降解各类农药残留的酶，把它们一起使用，就可以“包打天下”。科学家根据这一思路进行了许多研究，也有产品宣称实现了这种目标。（目前这类产品还缺乏权威验证，你不妨保持观望、关注的姿态，不要急着掏钱包。）

鸡蛋洗不洗，世界分两派

从超市买回来鸡蛋后，随即将鸡蛋放入冰箱里，对于很多人来说，这是一个“标准流程”——在我们的经验里，不这么做，鸡蛋可能会很快坏掉。鸡下了蛋，总要攒够了一窝才开始孵——等到开始孵化时，第一颗蛋已经在自然环境下放置了两三个星期。那些在常温下放了两三个星期的鸡蛋依然能被母鸡孵成小鸡，说明那些鸡蛋没有坏。为什么天然的鸡蛋和超市的鸡蛋之间，有这么大的差别呢？

原来，蛋壳的表面有一层胶状的薄膜。这层薄膜由85%的蛋白质、少量脂肪、碳水化合物以及矿物质构成。鸡蛋壳是由碳酸钙组成的，上面有无数个细小的孔穴。鸡蛋从母鸡体内出来时，这层薄膜便均匀地覆盖在蛋壳表面，把蛋壳上的那些孔穴“密封”了。这样，外面的细菌就很难进入鸡蛋内部，而鸡蛋内部的水分也不会散失，从而保持了鸡蛋的初始状态。

虽然组成那层薄膜的蛋白质是不溶于水的，但是如果对鸡蛋进行清洗，同样会对薄膜造成破坏。那层薄膜被破坏之后，外面的细菌就会穿透蛋壳进入鸡蛋内部。另一方面，蛋壳内部是蛋白部分，蛋白部分虽然看起来很黏稠，其实含水量高达87%。那层薄膜被破坏之后，蛋壳就成了一个通透性很好的“架子”，蛋白中的水分很容易散失——蛋白失水导致蛋白质浓度增加，蛋白质会形成胶状物，打开之后甚至让人怀疑是假鸡蛋。

蛋壳表面的那层薄膜很容易被破坏。实验显示，蛋壳完好的鸡蛋在水中浸泡1～3分钟，就有微生物可以穿透蛋壳。这也是为什么不打破鸭蛋，就可以让盐进入鸭蛋内部，把鸭蛋制成咸蛋，或者让碱进入鸭蛋内部，把鸭蛋制成皮蛋的原因。

因为清洗可能破坏掉这层薄膜，从而导致鸡蛋容易被外界的细菌感染，或者失水导致品质下降，所以以欧盟为代表的国家或地区反对清洗鸡蛋。除了极少数例外，欧盟的A级鸡蛋是不允许进行清洗的。

鸡蛋是一种很容易染上细菌的食物，尤其是散养鸡，自由活动的空间大，它们下的鸡蛋染上细菌的可能性就更大。沙门氏菌是影响鸡蛋安全的一大风险因素。它有两种途径进入鸡蛋：一是通过感染母鸡，把沙门氏菌“传进”鸡蛋或者附着在蛋壳上；二是在鸡窝中附着到鸡蛋表面。总而言之，鸡蛋一被生下来，其表面就可能带着沙门氏菌。沙门氏菌是一种致病细菌，在美国、澳大利亚等国家，每年有上万人次感染沙门氏菌，其中鸡蛋是一大途径。

沙门氏菌不耐高温，但生存能力很强。即使是蛋壳上的那层膜保持完好，它们依然能够穿透蛋壳进入鸡蛋内部——破坏了那层膜，只是降低它们穿透的难度而已。所以，美国、澳大利亚和日本等国采取了“先破后立”的战术——对鸡蛋进行清洗，直接去除蛋壳上的沙门氏菌等微生物。虽然清洗鸡蛋会打开细菌进入鸡蛋的通道，但是先把蛋壳上的细菌尤其是沙门氏菌杀灭，也算是釜底抽薪。虽然将鸡蛋进行清洗之后，其他细菌可能会进入鸡蛋内部，但那些细菌的危险性不如沙门氏菌的大。将鸡蛋进行清洗之后，再把鸡蛋放置在冰箱里，即使有细菌进入鸡蛋内部，在低温下细菌的增殖受到很大的抑制。从安全的角度来说，这比不清洗要好。

美国农业部有关于鸡蛋清洗的操作指南。比如，清洗鸡蛋时，需要水温高于32℃，而且比鸡蛋本身的温度高11℃，因为低的水温可能会让鸡蛋收缩，导致吸入水和微生物。水温也不能比鸡蛋本身的温度高22℃以上，避免蛋壳破裂。合理的清洗流程，加上适当的洗涤剂，能够将鸡蛋表面的细菌数减少至十万分之一，相当于牛奶巴氏灭菌的效果。

美国、澳大利亚和日本，是要求鸡蛋出售之前必须被清洗的代表。在这些国家，未经清洗的鸡蛋是不允许上市销售的，这与欧洲的规定正好相反。

这两种规定的出发点都是为了鸡蛋的食用安全。虽然要求针锋相对，但各自都有理论上的支持，都能自圆其说。至于哪种规定更合理，至今没有定论。不过，2011年有科学家在《食品保护》杂志上发表了一项研究，显示采用研究所运用的清洗方式，蛋壳外膜并没有受到明显破坏。这至少说明，那层膜的破坏程度，与清洗方法有密切关系。

其实，两种方案的理念可以通过增加流程来兼顾——先清洗去除细菌，然后在蛋壳上喷涂一层食用油脂来弥补被破坏的膜。这种方案在技术上是完全可行的，只不过在美国，鸡蛋从鸡场到超市再到餐桌，流通时间比较短，也就没有必要去弥补那层被破坏的膜了。

目前，我国的养鸡行业规模化程度还不是很高，如何在生产、收集、储存、运输、分销中通过规范来减少食品风险，也还没有得到足够重视。随着市场需求的不断增加和公众对食品安全的关注越来越多，鸡蛋产业必然会越来越规模化、规范化。在可以预见的将来，中国是采取欧洲的“不许洗”规定，还是采取美国、澳大利亚、日本的“必须洗”规定，或许会有一番争论。

鼻子说：红烧还是肥肉好

如果要列举一些具有代表性的中式菜肴，红烧肉大概可以排到很靠前的位置。声名显赫的“毛氏红烧肉”，因为伟人爱吃而得名，成了一些餐馆的招牌菜。不过一个可以用于茶余饭后聊天的问题也就出来了：为什么红烧肉有那么大的号召力呢？

从食品技术的角度来说，“红烧肉”有两个基本元素：“红烧”和“肉”。这个“肉”，在这道菜里一般是半肥半瘦的肉，虽然说如果有人真要拿里脊肉来红烧也没人拦着，但这样做多半会被真正的食客评为“食材不地道”。在这里，我们先说“肥肉”，再来说“红烧”。

基因说：肥肉啊，我的爱

在漫长的人类发展史中，人类大部分的时间都在为了食物而与天斗、与地斗、与虫斗。在每个人都吃“纯天然、有机、野生”食物的远古时代，人们吃的大多数食物应该是野菜草根之类。果实成熟的季节的确能够吃上甜食，但不懂得保鲜技术，也没有“反季技术”的远古人类，即便找到了足够多的野果，吃不了几顿，野果就烂掉了。吃上肉就更加困难了，现代人拿着猎枪打猎都未必能总是有收获，只有树枝和石头作为武器的远古人类在打猎的时候，还得保证自己不被野兽吃掉。即便捕到一些动物，同样为了生活总是四处奔波的猎物们身上的脂肪也很有限。

对远古人类来说，能够迅速补充体力的糖和能量密度高的脂肪，无疑才是最优质的食物。优质而难得，就越发渴望拥有，于是人类对高脂肪、高糖食物的追求，在互相不通有无的各族人群中流传了下来。从世界各地对婴幼儿食品偏好的调查来看，对高脂肪、高糖食物的偏好或许已经被写进人类的基因中而成为先天的偏好了。

从现代食品科学的角度来说，脂肪对于食物的风味至关重要。一方面，许多风味物质存在于脂肪中；另一方面，许多香味物质本来就是油脂分解转化的产物，而油脂产生的细腻丰富的口感也不是纯蛋白、纯淀粉，更不是纤维素所能比拟的。对于塑造风味和口感，油脂尤其是肥肉中所含的饱和脂肪具有巨大的优势。

鼻子说：红烧还是肥肉好

再说红烧。肉中总是有些蛋白质，而组成蛋白质的氨基酸与糖加热发生的美拉德反应，是肉类香气的来源。除了烧烤和油炸，红烧大概是最能让美拉德反应发生的“低温烹饪”了。红烧里脊不是正宗的红烧肉，一定要红烧五花肉的原因，在于脂肪在美拉德反应中并非只是打酱油的角色，而是重要的参与者。分子美食学的创始人蒂斯探讨过这个问题，他发现脂肪中的磷脂容易发生氧化，其产物在纷繁复杂的美拉德反应产物中占据了一席之地。蒂斯介绍过一个实验，他在美拉德反应中分别加入脂肪酸或者磷脂，然后用色谱对得到的“肉味香精”进行分析，再着重比较产生肉味的杂环化合物和脂肪氧化产物的谱峰。结果证实，磷脂在美拉德反应产生“肉香”中具有重要作用，于是老祖宗们在完全不懂化学也不懂生物的时代琢磨出的红烧肥肉，被后世的科学证实完全符合科学原理。

健康说：肥肉好吃，不要贪多哦

不过，人类为了获取食物折腾了这么久，现在进入了“营养过剩”比“营养不足”更受关注的时代。我们的老祖宗们曾经为之流血乃至牺牲的脂肪，最终变成了健康的敌人。

关于红烧肉，不管你做得再“肥而不腻”，只要它好吃，其中所含的脂肪就少不了。那么，肥肉对于现代人的健康有多大的影响呢？

同等量的食物，脂肪的热量最高，是糖和蛋白质的两倍多，所以许多人担心吃了脂肪长胖。实际上，如果真能做到吃了肥肉就少吃同等热量的其他食物，那么还不用太担心会长胖。肥肉中的脂肪大多是饱和脂肪，会促进“坏胆固醇”的增加，从而影响心血管健康，这才是肥肉真正的问题。

现代营养学的膳食指南推荐，尽量减少饱和脂肪的摄入量，成人每天摄入的饱和脂肪不要超过20克。我们知道，反式脂肪对身体健康有害无益，所以我们摄入反式脂肪越少越好。世界卫生组织的意见是成人每天摄入的反式脂肪不超过2克，增加的患心血管疾病的风险尚可接受。实际上过多摄入饱和脂肪，最大的危害正是增加患心血管疾病的风险。虽然说摄入同等量的饱和脂肪，增加的患心血管疾病的风险要远远小于反式脂肪，但考虑到人们一吃肥肉至少摄入几十克饱和脂肪，与一份咖啡伴侣或者一杯珍珠奶茶中的反式脂肪相比，哪个增加的患心血管疾病的风险更大就很难说了。

当然，这并不是说不能吃红烧肉。毕竟，食物的一大功能是享受，在美味和健康之间，有时并不需要完全偏向健康。红烧肉虽然不是健康食品，但是偶尔食之，尤其是吃红烧肉的同时减少其他饱和脂肪以及高热量食物的摄入，这样吃对健康的影响还是可以接受的。

麻辣不是味觉，而是痛觉

麻辣只是川菜的特色口味之一，但无疑是最有代表性的。产生辣味的辣椒和产生麻味的花椒虽然都叫“椒”，但在植物学上的亲缘关系却相当远。对于花椒来说，橘子比辣椒还要更“亲”一些。

辣不是味觉，而是痛觉

虽然人们经常说“辣味”，但辣其实不是味觉感受，而是一种痛觉。产生“火辣”的感觉，是一种叫作“辣椒素”的物质在起作用，“辣椒素”也有人把它叫作“辣椒碱”。人的口腔内有许多特定的神经受体，当辣椒素与这些神经受体结合时，身体就会产生相应的神经信号，信号传到大脑，人体就感受到了“火辣”。除了口腔之外，人的皮肤上也有一些这样的神经受体，所以柔嫩的皮肤接触了辣椒，也会感受到辣。

人类天生就喜欢甜，但几乎没有人生来就喜欢辣。对辣的喜好源于后天的培养——人对辣接触多了，那种火辣的感觉所带来的愉悦感就超越了痛觉，人就开始变得享受辣了。欧洲传统医学大师盖伦认为，如果一种食物同时具备“热”“湿”“胀气”三种感觉，那么它就具有催情功效。根据他的理论，辣椒就能产生“热”“湿”“胀气”的感觉，所以在古代的欧洲，有人曾将辣椒当作“催情食品”。

致癌？治癌？不要太当真

十年前，有位著名的“养生大师”在推销萝卜、茄子、绿豆汤的时候，宣称国外的专家小组“终于发现抽烟不是得肺癌的原因，肺癌是吃辣椒导致的”。该大师对外国专家的发现也极为不屑，说“咱们的老祖宗早就说过，吃辣椒伤肺，吃东西不能太辣……”

虽然“大师”最后被打回原形，恢复了骗子的真面目。不过当时他的说法也着实让许多喜欢吃辣的人忐忑纠结了许久。那位“大师”说的外国专家的“重大”发现，我们在学术文献数据库里没有找到相应的依据。倒是有一篇论文讨论过辣椒与肺癌之间的关系，因为这篇论文的研究质量比较高，所以可靠性要高一些。那篇论文研究考察了辣椒素对体外培养的细胞、鸡胚胎和老鼠体内的肿瘤的影响，结论是：辣椒素能够抑制一种癌细胞的生长，因而对于“小细胞肺癌”的治疗可能有价值。

当然，动物实验的结果不一定能在人体上复现，辣椒素对于人体的其他影响以及它在治疗“小细胞肺癌”时的用法和用量还不确定。所以，说辣椒素治疗癌症，或者吃辣椒抗癌，都不靠谱。不过，这至少可以让辣椒爱好者们放下心来：“养生大师”说的“辣椒致癌”是胡扯。

不过，如果说在辣椒与肺癌的关系上，辣椒似乎表现得不错，那么关于“辣椒与胃癌”的调查就不那么令人舒心了。最早的一项调查研究是在墨西哥的墨西哥城进行的。研究者找到一些胃癌患者，又找到一些生活状况与之类似但是没有得胃癌的人，分析对比他们的生活习惯，发现胃癌患者比没有得胃癌的人吃辣椒更多。科学家们后来在其他地方又做了一些类似的调查，结论也是吃辣椒和胃癌之间“可能有关”。还有动物实验表明大量进食辣椒的老鼠更容易得肝癌。不过，这些调查结果只能说“吃辣椒和得胃癌之间可能有关系”，在缺乏其他证据的情况下，并不能说明吃辣椒会导致胃癌。实际上，有人认为上述调查在设计上有一定的缺陷。在给老鼠喂食辣椒的实验中，科学家们给老鼠喂食的辣椒量大大超过了人们正常的食用量，而且老鼠们得的是肝癌而不是胃癌，这就让两个结论不能互相佐证。

考虑到这些研究都处在初步阶段，并没有进一步的探索和确认，人们平时食用辣椒的量也远远小于动物实验中显示有害的量，所以，不管是“辣椒致癌”还是“辣椒治癌”，大家都不用太当真。喜欢辣椒的人可以接着喜欢，不喜欢辣椒的人也没必要去勉强。

传说中的辣椒精

“精”本来是个很好的词，比如“精华”“精锐”等，但是自从“奶精”“蛋白精”等东西被不法商家用来以次充好之后，“精”就经常被当作一个贬义词来使用。比如，有媒体报道有的火锅底料中加入了“辣椒精”。其实“辣椒精”就是“辣椒素”，媒体用“精”字代替“素”字，给人潜在的信息是这种东西不好，是“有害添加剂”。

不过，辣椒精有话说：“其实我比较冤。”

辣椒素是辣椒的有效成分，它一共有好几种，各种的辣法不尽相同。不同辣椒的“辣度”，就取决于辣椒中这些辣椒素的含量。

在现代社会，辣椒的储存、运输都需要成本，而不同辣椒的“辣度”不同，也为食品生产的标准化带来了一定困难。如果把这些辣椒的辣椒素提取出来，按照辣度进行调整，那么就比较容易实现标准的“辣度控制”。实际上，从辣椒中提取辣椒素也不需要什么高科技。虽然提取辣椒素需要成本，可是考虑到储存、运输以及使用方便带来的好处，提取辣椒素在经济上依然有较大的利润空间。

提取出来的辣椒素，就是通常所说的辣椒精。其实，辣椒精最大的用途——至少在国外，并不是作为火锅或者烤肉的调料，而是作为“武器”使用。回想一下摸过辣椒的手不小心揉了眼睛的情况，我们就很容易想象这种提纯的辣椒精喷到人的眼睛里或者身上会产生怎样的后果。用辣椒精做“子弹”的武器，就是辣椒水。它被广泛用于警察驱散人群、女士防身以及人们对付狗、熊等动物。

这种提取的辣椒精实际上是各种辣椒素的混合物。国内市场上的辣椒精，基本上也都是这样的“天然提取物”。不过，在各种辣椒素分子中，有一种能够通过化学反应经济实惠地合成。这种辣椒素在辣椒中的天然含量不高，其工业合成品在英国被广泛使用。它的热稳定性比其他的辣椒素要高，所以用在烧烤上、火锅中具有相当的优势。不过，天然的辣椒味是由多种辣椒素共同产生的，只靠合成的这一种很难实现整体的味道——味觉灵敏的食客或许能分辨出合成的辣味和天然的辣味。

被辣着了该怎么办

辣是一种痛觉，这种痛觉深受很多人喜欢，但每个人对于辣的承受能力不一样，超过承受能力的辣就会让人感到不适。如果被辣着了，不管是吃进嘴里还是辣了手，有什么方法可以有效地减轻那种火辣辣的感觉呢？

当我们感到火辣辣的时候，辣椒素已经与神经受体结合了。要解辣，就要让辣椒素从受体上下来，并且不再与其他的受体结合。

辣椒素不溶于水，所以水洗对解辣帮助不大。科学家们曾组织过二十多个实验志愿者，用实验的方法来比较不同的解辣方法的有效程度。结果发现：1.用水漱口有一定帮助，冰水比常温的水更加有效一些；2.牛奶的效果要好得多，推测可能是牛奶中的蛋白质可以把辣椒素包裹起来带走；3.不同的牛奶差别不大，倒是温度的影响更大一些，总的来说低温的全脂牛奶效果最好；4.蔗糖水也比较有效，10%的糖水效果与5℃的牛奶相当；5.理论上说酒精能够溶解辣椒素，但浓度为5%的酒精（大致介于啤酒和葡萄酒之间）并不比常温的水更有效，可能需要使用酒精浓度超过20%的酒，效果才会比较好。

麻才是川菜独有的特色

辣是川菜的特色之一，但辣并不是川菜所独有的。不用说墨西哥、韩国、印度等国各有辣法，中国的湖南人、江西人吃起辣来，比起四川人有过之而无不及。川菜独有的特色，是麻——麻婆豆腐、麻辣火锅、麻辣香锅、椒麻鸡、怪味胡豆……“麻辣”，麻甚至排在辣之前。如果没有了麻，川菜或许就无法在中国饮食流派中独树一帜了。

因为这种强烈的地域特色，产生“麻”的香料——花椒，也就染上了浓重的地域色彩。在英语里，辣椒叫作“Chili Pepper”，白胡椒叫作“white Pepper”，黑胡椒叫作“black Pepper”，而花椒，则被叫作“Sichuan Pepper”——在这些“Pepper”中，只有花椒是用产地四川来命名的。

或许是花椒产生的麻不够大众化，因而科学家们对“麻”这一现象的产生机理研究得不太多。大概与辣一样，麻也不是味觉而是一种痛觉。直到近年来，才有科学家做过一些探索，认为麻是花椒中的一类分子（被叫作“花椒麻素”）刺激人体上特定的神经纤维，产生了50赫兹左右的振动。这种振动传送到大脑，最后被感知为“麻味”。有外国人把它形容为“电击产生的麻木”——没有体验过电击的人，可以嚼一两颗花椒体验一下。在买花椒的时候，最简单原始、直接可靠的验货方式，就是直接尝一下——如果那些花椒可以让你的舌头立刻失去知觉，并且半天不能恢复，那就是好花椒。

在花椒的成分中，比较有趣的大概要算芝麻素了。芝麻素在芝麻油中含量较多，但是在花椒中居然也存在，这听起来有些神奇。不过，大自然本身就充满了神奇。芝麻素是木脂素的一种。木脂素能与人的雌激素受体结合，所以就具有一些雌激素的活性，也就是人们常说的“植物雌激素”。木脂素的雌激素活性很低，一旦抢占了雌激素受体，就会让真正的雌激素失去作用。于是，这又相当于抑制了人体雌激素的作用。女性健康与雌激素水平密切相关，比如很多癌症与雌激素的变化情况有关。据此，也有人推测摄入木脂素等植物雌激素后，会不会对这些疾病的发生产生影响。不过，这些植物雌激素到底如何影响人体的雌激素状态，现在仍然是众说纷纭，至于它们如何影响癌症发生的风险，就更只是推测了。此外，木脂素还具有抗氧化活性，于是头脑灵活的商人想以抗氧化剂的名义来推销它。不过，补充抗氧化剂对于健康有什么样的影响，科学界对此众说纷纭，种种神奇的功效都是商人们说的。对木脂素这种抗氧化功效尚需充分研究的化合物，我们就不要对它给健康带来的影响抱什么希望了。

当然，不管木脂素是好是坏，其实对于花椒中的那点儿含量，我们既用不着担心，也不该抱有希望——花椒作为调料，我们每天才摄入那么一丁点儿，好的作用坏的作用都可以完全忽略掉。

把肉变多，是技术还是欺骗

地球上的人口在不断增加，人们的生活水平在不断提高，这两个因素都导致人们对食物中优质蛋白的需求量的增加。据食品行业预测，随着中国、印度等人口大国的人均肉类需求量向西方的靠近，地球上的肉类供需矛盾将越来越尖锐。

解决矛盾的根本方法自然是多生产肉，不过这个方法毕竟受到自然资源的限制，而通过工业技术把肉“变多”，则为增加肉类供给提供了一个新思路。

“往肉里掺入其他东西”可以算是把肉变多的传统方法。肉丸子里加豆腐、肉馅里加淀粉，大概不会有人觉得不对，最多抱怨一下“不够味”。因为人们只是把豆腐和淀粉简单地加到肉馅里，虽然肉馅看起来多了，但味道和口感都发生了改变。从营养价值的角度来说，加豆腐影响不大，加淀粉就纯属掺假了。不过从消费者的心理角度来看，豆腐的营养还是远远不如肉的。

现代食品工业把“往肉里掺入其他东西”这种思路进行了鸟枪换炮的升级，食品生产者在肉丸子、火腿肠、肉罐头等肉制品中，加入了以植物蛋白为核心的“非肉成分”。加入的蛋白质在肉中的表现如何，与蛋白质的种类以及加工性能有关，后者又可以通过不同的加工过程来改变。比如，有些植物蛋白经过特定的处理，凝结成胶的性能会被大大提升，吃起来就会更加有劲道，加热过程中也不容易失去水分。天然的肉可以保持比较多的水分，加入的植物蛋白要想与天然的肉“打成一片”，也需要比较好的保水性能。这时候“保水剂”出现了，最常用的是磷酸盐。其实磷酸盐是人体需要的成分，不过因为各种食物中含有的磷酸盐已经比较多，人体一般不会缺乏，而食品添加剂的身份又让磷酸盐在消费者的心中有了“原罪”。此外，淀粉的加入能增加黏度，对于增加强度也有帮助。味道对于大多数人来说是选择食物的重要因素，添加了植物蛋白的肉制品的肉味自然要淡一些。为了尽可能地“以假乱真”，食品生产者又往肉制品中添加“肉味香精”。虽然肉味香精只能在一定程度上“山寨”肉味，不过也聊胜于无。

这样做出来的肉制品与“纯肉”制品并不相同。食品生产者运用目前的技术，在制作肉制品时只能达到口感和风味上与“纯肉”制品“接近”，但是与“纯肉”制品的差别还是比较明显的。不过这样的肉制品在营养和成本上具有一定的优势。猪肉、牛肉等红肉，即使是瘦肉中也含有相当多的饱和脂肪和胆固醇，通过加入蛋白质来增加“肉量”，在保持蛋白质含量的基础上降低了脂肪和胆固醇的含量，这样的肉制品对于人体健康是有利的。植物蛋白的成本大大低于肉类蛋白，这样的产品自然可以更便宜。在目前的市场上，食品生产者通过这样的技术可以把肉量增加百分之几十。在日本，这样制作出来的鱼肉产品也有很大的市场。

“把肉变多”的技术还可以直接用到整块的肉中。在日本和北美等国家和地区，牛肉、猪肉、整鸡等经常被烤着吃。前面所说的那些成分，可以通过注射或者浸泡加到肉里，也可以增加肉的重量。这对技术的要求要高一些，现在也有了许多成功的应用。在品尝者不知道“加水”的情况下，这种“加水肉”得到的评价甚至更高。从美国超市里买的里脊肉，烹饪者在切肉的时候会感觉肉比较粘手，肉丝、肉片一下锅就出很多水，就是因为整块猪肉经过了处理，适合大块烤，而不适合中餐的炒法。

中国人对于禽畜类肉食的利用是从头到脚、从皮到内脏，几乎是全方位的。在国外，很多零零碎碎的肉会被扔掉。如果能把这些零碎的肉做成食品，那么也相当于“把肉变多”。

“粉红肉泥”是一个争议巨大的产品。它是把那些以前拿去做动物饲料的牛肉下脚料进行粉碎分离，把其中的瘦肉挑出来。美国批准了这样的肉泥可以作为食品添加剂加到牛肉馅或者其他牛肉制品中。作为食品添加剂，它不能给消费者直接食用，不过在添加比例不超过15%的情况下不需要标注。这些下脚料往往含有比较多的细菌，所以加工过程中要用氨气等“化学物质”来灭菌。虽然美国政府批准了“粉红肉泥”的使用，认为它的添加没有安全性问题，不过媒体的质疑还是让公众对它产生了很大的疑虑。“不违法”只是食品生产者和经营者生存的前提，而迎合消费者的需求才是根本的生存之道。在厂家、媒体和主管部门争论不休的情况下，美国的几个食品巨头宣布不使用粉红肉泥，几家大的连锁超市也宣布不再销售含有粉红肉泥的食品。这种“把肉变多”的方法也就前途渺茫了。

不过另一种“肉胶”技术则没有什么争议。“肉胶”是一种酶，全称为“谷氨酰胺转氨酶”，简称TG。它的作用是让不同的蛋白质发生交联。把它加到零散的碎肉中，它能像胶水一样把碎肉粘成大块。通过这样的处理，食品生产者甚至可以把碎牛肉做成牛排。只是需要小心的是，真正的牛排内部很难有细菌，所以不用加热到熟透，半生半熟的牛排也可以吃，而这么“粘出来”的牛排，内部可能含有较多的细菌，在烹饪时一定要将它煎至熟透才可食用。

仅仅从技术的角度来说，上述这些“把肉变多”的技术都可以做出安全健康的食品来。美国市场上这样的产品很普遍，但是它们必须满足以下三条原则：生产符合规范、产品安全可靠、标注真实明确。它们毕竟与纯粹的肉不同——如果做不到前两条，就是“掺假”或者“假冒伪劣”；即使做到了前两条而没有做到第三条，也是商业欺诈。

这些技术的应用，“合法”与“非法”之间，只有一步之遥。

玉米如何爆成花

对于许多20世纪70年代出生的人来说，他们的童年记忆中大概都会有爆米花的深深印迹——一个瘦削的老年男子，背着一个葫芦形的“爆米花机”走村串户。老年男子会在某户人家宽敞的院子里生起火炉，把玉米放进那个浑身黢黑的容器中，通常还会加入一点糖精，然后扣紧盖子，将容器放在火上转动着烤。他一边漫不经心地转，一边跟旁边的小孩或者妇女们聊天，时不时地看看容器压力表的指针。过了一会儿，在小孩子期盼的眼神的注视下，他起身拎起整个容器，将它放入一条脏兮兮的旧麻袋中，缠好袋口，然后拿起一个类似扳子的东西套在容器盖子的一个凸起上，一用力——“砰”的一声巨响，白烟弥散，袋子里就是热气腾腾的爆米花了。在爆米花从麻袋转移到自家口袋的时候，主人家的小孩总是迫不及待地开始吃起来，而其他还在排队等待的孩子则露出羡慕的表情，默默地数着还有几锅才轮到自己，或者暗自懊悔来晚了。

据说这种“中式爆米花”在中国有着悠久的历史。中式爆米花深深地嵌入20世纪70年代生人的记忆深处，爆米花价格便宜量又足——柴火和玉米都是自家的，相当于零成本，只需要付出一两毛钱的加工费，就可以得到一袋子家里无法做成的美味零食，中式爆米花自然也就具有巨大的吸引力。

随着经济的发展，人们可以获得的零食非常丰富，中式爆米花也就逐渐失去了昔日的荣光。制作中式爆米花的那个葫芦形的铁罐子容器是由铸铁制成的，其中含有铅等杂质。容器中的铅会迁移到爆米花中，也就使得中式爆米花的安全性备受质疑。于是，逐渐淡出历史舞台，也就成为中式爆米花难以逆转的命运。

现在的人们依然可以吃到爆米花，不过，人们通常吃到的是“西式爆米花”。“西式爆米花”与传统的中式爆米花完全不同。中式爆米花使用的是普通的玉米（大米、黄豆等其他原料也可以），在加热炒熟的过程中，玉米粒中的水变成水蒸气，再加上高温和密闭，容器罐内的压力很高。人们突然打开盖子时，玉米粒外部的气压突然下降，而内部的高气压来不及释放，就“炸破”玉米外皮而把玉米变成爆米花了。玉米粒的外皮本身不是密封的，如果是在通常的锅里炒玉米，玉米内部的空气会有足够的时间被释放出来，玉米也就不会被爆成花了。

西式爆米花的原料是一类特殊的玉米。它们的个头要比普通玉米的小，外皮更加坚硬，密封性也更好。因为小，所以不需要加热太长的时间就可以把它们炒“熟”——与中式爆米花一样，在这个过程中玉米粒中的水会让淀粉糊化，与蛋白质一起形成“面糊”，同时一部分水蒸发变成水蒸气。因为这种玉米的外皮坚硬而且密封性好，水蒸气难以逃出，就在其中形成高压。当气压积累到一定程度，玉米的外皮难以承受，就爆开了——就像气压瓶的液体释放出来成为刮胡子的泡沫一样，这些突然炸开的面糊也会形成泡沫。然后温度降低，“面糊”固化，就成了酥口的爆米花。这种玉米“爆”出来的效果要比中式爆米花好很多，体积通常能增加四五十倍。

如果说中式爆米花是通过人为手段简单地强行爆花，那么西式爆米花就是充分利用自然的构造因势利导。如何“因势利导”，自然涉及爆米花的“火候”。比如玉米粒中的水分，如果含量太高，那么水蒸气形成得就会很快，淀粉还没有充分糊化就爆了，也就无法形成理想的泡沫；如果水分太少，形成的水蒸气不够，就会迟迟不爆以至于玉米粒被炒煳。加热速度也有类似的影响，加热快了，淀粉来不及糊化就爆了；加热慢了，迟迟不爆或者完全不爆——因为玉米的外皮虽说密封性很好，但也并不是完全密封，在胚芽位置也有很小的空隙，如果水蒸气产生的速度太慢，水蒸气就足以从这个小小的通道逃脱从而无法形成高压。爆米花形成的效果还与玉米粒的大小有关，所以，商业化的爆米花会根据玉米粒的大小和加热方式，来确定最适当的含水量，从而让最多的玉米粒爆炸，并且使之绽放得更加舒展。

从玉米到爆米花，化学上的变化与炒玉米并没有太大的差别，也就是说，爆米花与玉米一样都是很好的粗粮：高膳食纤维、较多的抗氧化剂、低脂、低糖、低盐。不过，这样原生态的爆米花与其他零食相比，在风味和口感上竞争力比较有限。商业化生产的爆米花通常含有大量的脂肪，有一些爆米花甚至本来就是用油加热来“引爆”的。如果空气加热、不加油、不加其他调料的话，100克爆米花的热量不到400千卡，含有油5克左右，钠只有8毫克，而膳食纤维却可达15克，这样的爆米花可以算得上是很健康的零食了。不过，100克通常口味的爆米花，热量接近600千卡，含有油44克左右，钠超过1000毫克，而膳食纤维却只有8克，这样的爆米花可以算得上典型的“垃圾食品”了。

吃花生吐不吐花生皮

新来的同事在大学里是研究花生皮的。有一次她做完学术报告，有观众问她："你的研究结果在工业上有什么应用呢？"她还没回答，自己就先乐了，然后回答说："我觉得做花生酱的时候应该保留花生皮，这样可以提高一点儿营养价值，我老板却认为，花生皮的营养价值有限，做花生酱时保留它没啥意义……"

美国每年要消耗大约200万吨花生，大多数花生会被做成加工食品。花生外面的那层红皮大约占到花生重量的3%，一年下来，全美国至少会产生6万吨的花生皮，这个量说多不多，说少也不少了。在现代食品行业里，把原料的各部分都做成能卖钱的产品，是永恒的主题。鱼油、乳清蛋白、壳聚糖等，都是从废料中诞生的"明星"。发掘花生皮的价值，也是顺理成章的想法。

花生皮的主要成分是多酚类化合物，其原花青素的含量比著名的"抗氧化产品"葡萄籽还要高。此外，传说葡萄酒的"功效成分"白藜芦醇，绿茶中的标志成分儿茶素，在花生皮中的含量也较高。用一句话来总结：花生皮中含有丰富的抗氧化成分。

许多科研人员探索过多酚类化合物对人体健康的作用。在动物实验和细胞实验中，一些多酚类化合物展示了抗菌、抗病毒、抗炎、抗过敏甚至抗癌的活性。这些实验结果并没有代表性，尤其是在人的身上能否体现、需要吃多少才能体现，都还没有定论。不过，这并不妨碍商人们把多酚类化合物营销成保健品——光是贴上“抗氧化”的标签就能卖出不少钱来。抗氧化成分丰富的花生皮，自然也就不乏市场潜力。

美国的科研人员在《食品化学》杂志上发表过一项研究，用来展示花生皮提取物的“保健功效”。他们把花生皮的水溶性成分提取出来，然后添加到老鼠的饮食中。第一组老鼠吃常规饮食，第二组吃高脂肪、高胆固醇的“西式饮食”，第三组和第四组吃西式饮食加入不同剂量的花生皮提取物。与吃常规饮食的老鼠相比，吃西式饮食的老鼠10周之后有多项身体指标发生了不健康的变化，比如体重增加得更多，血液中的胆固醇和甘油三酯的含量更高等。吃西式饮食加花生皮提取物的老鼠，则更“健康”一些。这个结果足够让商人们解读成“花生皮提取物能够减肥、降‘三高’”了，不过我们还是要泼点儿冷水：且不说动物实验的结果能否在人体上复现，实验中见效的那个剂量实在是不小。每千克体重要摄入300毫克的花生皮提取物，相当于一个成人需要每天吃20克左右的花生皮提取物——要是直接吃花生皮的话，需要的量还要大得多。

靠吃花生皮来“保健”是不大靠谱的。对于食品行业来说，此处无水，大可换个地方再挖。比如许多食品中含有脂肪，在保存过程中会逐渐被氧化。脂肪的氧化会改变食物的颜色和风味，氧化产物也不利于健康。食品生产厂家往往会在这样的食物中加入一些抗氧化剂。化学合成的抗氧化剂高效，但许多消费者不喜欢。想用“天然”的抗氧化剂来代替，花生皮或者花生皮提取物就是一种可能的选择。

花生酱或者花生糊中有大量的花生油，花生油氧化后会产生腐臭的味道。有人研究过在其中加入花生皮来抗氧化，他们加入不同量的花生皮来测试抗氧化的效果，结果发现：加入占总量5%的花生皮会明显提高抗氧化性能，但是，加到这个量之后，花生酱和花生糊的味道就会受到明显影响，比如苦味、涩味增加，甚至能让人尝出木头和花生壳的味道来。如果加入10%的花生皮，味道就更加糟糕。不去皮也不额外加入花生皮，直接将花生制成花生酱或花生糊的话，花生皮的含量大约为3%。研究者没有提供这个添加量对花生酱或花生糊味道的影响，基于上述研究的数据推测，这种做法对味道会有影响但影响不是那么大，但抗氧化性能也就没有那么明显。这个结果，与我的那位新同事的老板对于留下花生皮改善营养的态度倒是非常一致。

还有人研究将花生皮的提取物添加到牛肉中，这个实验结果就比较有价值。他们发现，在牛肉馅中加入0.2‰～0.4‰的花生皮提取物，就可以明显降低牛肉的氧化速度，从而增加牛肉储存的稳定性。这样的话，从一千克花生皮中得到的提取物，可以处理一二百千克的牛肉馅的氧化问题。

“萨拉米”是一种意大利香肠，它含有大量的脂肪，因此更加容易被氧化。随着氧化的进行，香肠的风味会减弱，而油脂氧化产生的腐臭味会增加。阿根廷的研究者们在香肠中加入花生皮提取物，发现加入量在0.1%时，就能表现出明显的保护效果，只是效果大大不如化学抗氧化剂。

最后，关于吃花生到底要不要吐花生皮，我只能说，那点儿抗氧化剂毕竟没什么坏处，好处也只是聊胜于无，想吃皮就吃，不想吃而吐掉也没多大损失。

茉莉花茶里没有花，菊花茶里没有茶

茉莉花茶和菊花茶是中国人非常喜欢喝的两种花茶，虽然二者都被叫作“花茶”，它们却有本质的不同：茉莉花茶中没有花，只有茶，在冲泡时能散发出茉莉花香；而菊花茶中没有茶，只有干的菊花。茉莉花茶和菊花茶之所以都被叫作“花茶”，是因为“茶”有两种含义：在本来意义上，“茶”是茶树鲜叶经过各种加工、干燥而得到的产品；在广义上，人们可以把任何植物的花、叶、果等干燥之后泡水得到的饮料都叫作茶。广义上的茶，通常叫作“代茶饮”“花草茶”“花果茶”等。

茉莉花茶的“茶”，是本义上的茶；菊花茶的“茶”，是代茶饮意义上的茶。

那么，为什么人们把茉莉花用来做本义的茶、把菊花做花草茶，而不是相反呢？

这需要从两种花的特质说起。

茉莉花有浓郁芬芳的香气，这种香气来源于花瓣中的挥发性有机物，主要是酯类、醇类和萜烯类化合物。科学家们对茉莉花的花香进行过许多研究，识别出了超过一百种的挥发性分子。这些分子混在一起，刺激我们的嗅觉细胞，就让我们闻到了茉莉花的特有香气。不同的品种、不同的种植条件、不同的时期，茉莉花释放出的香气分子组成和量不尽相同，也就产生了不同的茉莉花香。

茉莉花被称为“气质花”。在花蕾尚未完全形成的时候，几乎不会释放出香气。随着花蕾逐渐成熟，花瓣微微张开，茉莉花就开始释放香气分子。随着花瓣开放的程度越来越大，各种香气分子的释放量逐渐增加，然后盛极而衰，最后花瓣枯萎，香气殆尽，整个过程最多持续十几个小时。

也就是说，茉莉花一旦开放，就会释放出香气分子——这些香气分子是挥发性的，无法保留在花中。所以，如果把茉莉花进行干燥做成“花草茶”，几乎不会留下香气分子。把干的茉莉花用来泡水，也就不会有茉莉花的芳香。

要把茉莉花的花香留下，只能任由它们释放，在香气飘散之前收集起来。一千多年前，智慧的中国古人发明了一种“窨制”工艺。19世纪中叶，现代意义上的窨制工艺诞生，茶叶生产者通过这种工艺把茉莉花香留在茶叶中，就得到了茉莉花茶。这是因为茶叶的叶片内部有大量中空的管道和孔隙，使得茶叶的表面积非常大，而且茶叶很干燥，茶叶表面的分子对于茉莉花释放出来的那些香气分子具有很强的吸附能力。

“窨制”工艺能够实现的另一个原因，是茉莉花的开放“吐香”并不需要在茉莉树上进行。在茉莉花花蕾成形、含苞待放的时候，人们可以把它们采摘下来与茶叶混在一起，茉莉花花蕾内部的生命活动继续进行，花瓣张开，香气分子释放出来。因为花瓣周围都是茶叶，这些香气分子也就被茶叶吸附留下。等到花瓣枯萎，茉莉花也就完成了使命。高级的茉莉花茶会剔除花瓣，所以“茉莉花茶只有茶没有花”。为了增加茶叶对茉莉花香气分子的吸附量，茶叶生产者往往要多次重复将含苞待放的茉莉花和茶叶混合的过程。

茶叶对茉莉花的香气分子的吸附能力比较强。在通常条件下，尤其是在低温密封保存条件下，这些香气分子会安静地待在茶中，等到冲泡的时候，温度升高，它们就会挣脱束缚，游离出来，这时我们就闻到了茉莉花茶的香气。茉莉花茶的香气有多浓，取决于两方面的因素：一是窨制时用了多少花、窨制了多少次，用的花越多、窨制的次数越多，茶叶吸附的香气分子也就越多；二是所用茶叶（称为“茶坯”）的品质，茶叶原料越细嫩、茶坯越新鲜、茶条越舒展，茶叶表面积就越大，吸附能力就越强，能够吸附的香气分子也就越多。

菊花茶则是另一种状况。菊花开放时也有香气释放，但菊花香远不像茉莉花的花香那样具有吸引力。它的特质，在于花中的黄酮类化合物和绿原酸。研究者做过检测，用热水浸泡菊花，会有一半左右的固体物质溶到水中，其中有大量的黄酮类化合物和绿原酸，这也是菊花茶呈现浅黄色的原因。黄酮类化合物具有抗氧化性而被认为有益健康，而绿原酸更是因为具有抗菌、抗病毒的活性而被当作菊花的“功效成分”。

黄酮类化合物和绿原酸都不是挥发性的，人们把菊花干燥之后，它们仍能保留下来，而且它们都能够溶到热水中，所以可以做成“花草茶”。如果像对茉莉花那样去“窨制”菊花，黄酮类化合物和绿原酸也不会跑到茶叶中，而它们也不会释放出多少香气物质去被茶叶吸附。

五

安全，在“风险”与“收益”之间权衡

5

反式脂肪一百年

说起现代食品技术和食品监管，经常有人把反式脂肪作为“当初监管认为是安全的，后来发现是有害的”的典型例子。然而，事实真的是如此吗？让我们来回顾一下反式脂肪的历史。

1902年，德国化学家威廉·诺曼发现，可以用催化剂把加氢的液体植物油变成固体，这就是氢化植物油的技术。他申请了专利，并且开始工业化。几年之后，威廉·诺曼开办的工厂的氢化植物油年产量达到了几千吨。

也就是说，他根本没有做过“安全评估”，也没有监管部门对此进行“安全审查”——在那个时代，世界各国都还没有开始对食品进行监管。与历史上的其他食品新技术一样，生产者觉得可以用这种技术来生产，就开始生产了，消费者觉得可以吃，就买来吃了。

与此同时，美国开始进口大豆作为蛋白质的来源。大豆油作为大豆加工的副产物，没有那么多用处-——液体状态的植物油，不符合美国人的烹饪习惯。另一方面，美国的黄油又紧缺，于是由植物油氢化而得到的固体油就迎来了春天。廉价易得成了氢化植物油最具吸引力的特质，而且人们还相信来自植物的油比黄油要健康一些。氢化植物油是否真的健康和安全，并没有人关心——那时候，美国FDA还没有正式出现，而FDA的前身并没有获得足够的权力来监管食品。

美国人民就这么糊里糊涂地吃了几十年的氢化植物油，而且消费量还逐渐上升，所以起初FDA在制定食品添加剂名单的时候，给了氢化植物油GRAS的豁免权。GRAS是“一般认为安全”的意思，GRAS名单上的成分不需要FDA事先许可，生产者可以直接使用。氢化植物油获得GRAS资格，并非经过FDA的安全审核，而是基于“长期的安全使用”——对于美国人来说，几十年的使用历史就够长了。

直到1956年，某位科学家在著名的医学杂志《柳叶刀》上发表了一篇论文，指出食用氢化植物油会导致人体内的胆固醇升高，而编辑评论进一步指出氢化植物油可能导致冠心病。不过，这一说法由于没有明确的科学数据支持，也就一直没有引起重视。直到20世纪90年代，氢化油中的“反式脂肪”才引起人们的关注。植物油在被加氢的过程中，其中部分不饱和脂肪会从原来的“顺式结构”转化为“反式结构”。这些反式结构的不饱和脂肪如果最后没有被加上氢原子变得饱和，就会保留下来成为“反式脂肪”。反式脂肪与顺式脂肪的分子组成相同，但空间构型不同，在人体内会有不同的代谢方式。1997年，《新英格兰医学杂志》刊登了哈佛医学院等机构进行的“护士健康研究”，结论是“日常饮食中来自反式脂肪的热量在总热量中的比例上升2个百分点（大致相当于4克反式脂肪），冠心病的发生率会增加一倍左右”。类似的研究还有不少，不过结果显示对人体的危害没有那么显著，比如有的研究结论是同样条件下冠心病发生率增加大约6.5%。2006年，有一篇论文对这类研究进行了“荟萃分析”——也就是把所有这些研究的结果汇总在一起进行分析，结论也是“来自反式脂肪的热量在总热量中的比例上升2个百分点，会显著增加冠心病的风险”，不过冠心病发生率的增加值变成了23%。由于荟萃分析所涵盖的数据更多，所以这个23%的风险增加得到了更多的认同。后来的很多文献也采用了这一数字来衡量反式脂肪的危害。

23%的风险增加（注意不是23%的得病可能），说大不大，说小也不小——比如中国每年因为冠心病而死亡的人数有一百多万，如果全国人民每天吃4克反式脂肪，那么这个数字会变成123万。基于这样的风险，世界卫生组织建议每人每天摄入的由反式脂肪贡献的热量不超过总热量的1%，即大约2克。他们认为这个量的反式脂肪增加的风险可以被接受。

反式脂肪对人体来说没有营养价值，在食品中的使用完全是改善加工性能。在这样的背景下，“风险—利益”权衡的结果，就是它应该被淘汰。尤其是后来科学家们又进行了许多研究，探究反式脂肪对于健康的其他不利影响。虽然科学证据还不够充分，但就危害而言，“可能有害”也可以作为公共决策的理由。

在欧美国家，氢化植物油的使用太广泛了。离开了它，很多加工食品将难以生产，而它的危害也不是那么巨大，所以监管机构也就只是通过各种法规来促进食品行业逐渐减少它的使用，并没有一禁了之。比如，美国1999年强制食品生产者在营养标签中标示反式脂肪的含量，2006年又增补为在传统食品及膳食补充剂的营养标签中也要标示反式脂肪的含量。不过这一规定是针对加工食品的，对于餐饮业就没有影响。于是，美国一些地区又实施了更严格的规定，比如纽约市从2008年起就禁止餐饮行业出售含反式脂肪的食品。

其他国家对反式脂肪也没有完全禁止，一般也是“可以用，但标明含量”的做法，只是标注的阈值不尽相同，比如丹麦规定油中的反式脂肪不能超过2%，中国规定每100克食品中所含的反式脂肪不超过0.3克时可以标注为零，而美国FDA的规定则是每份食物中反式脂肪的含量不超过0.5克时可以标注为零。在美国的规定中，所谓“一份食物”是一个习惯上的概念，对于不同的食物来说，“一份”所对应的量并不相同，比如240毫升牛奶是一份，4克左右的肉也是一份，而一份植物油则只有14克。一个人每天需要吃多份食物，这样多份反式脂肪标注为“0”的食物也可能导致总摄入量超过2克。因此，FDA的这个规定饱受批评，被许多人认为反式脂肪的安全摄入量定得过高。

标注规定促进食品行业改进技术，去减少乃至消除氢化油的使用，或者改变生产工艺，降低反式脂肪在氢化油中的含量。比如，用棕榈油等熔点高的油代替氢化植物油。一些经过基因改造的油料作物，也能生产出加工性能接近氢化植物油但是不含反式脂肪的产品。

近年来，美国人摄入的反式脂肪有了显著下降，但依然不低。2013年年底，美国FDA发布消息，宣称将进一步采取措施，降低加工食品中的反式脂肪含量。随后，他们发布了一个“取消部分氢化油脂GRAS资格”的征求意见稿。因为在规定期限内没有收到充分的反对意见，这个决定被通过并被实施了。此后，部分氢化植物油作为食品添加剂被管理，生产者要得到FDA的预先批准才可以使用。因为部分氢化植物油是反式脂肪的主要来源，这个规定的改变将进一步促使美国食品行业减少乃至消除部分氢化油的使用，从而降低美国人的反式脂肪摄入量。

从发明到今天，反式脂肪走过了一百余年的历史。随着人们对健康的关注和食品行业安全评估水平的提高，反式脂肪的危害终于为人所知。在“风险—收益”的权衡中，人们越来越重视反式脂肪的风险。随着食品加工技术的进步，反式脂肪存在的价值也就越来越低。2018年，世界卫生组织向反式脂肪“宣战”，号召各国在5年内消除“人工产生”的反式脂肪在食品中的使用，而美国也正式禁止了部分氢化油在食品中的使用。

闲谈三氯蔗糖

喜欢甜味又怕长胖的人，肯定吃过三氯蔗糖。与其他的甜味剂一样，三氯蔗糖的发现是研究者犯错的结果——科学研究中的犯错可能产生致命的后果，也可能导致伟大的发现。三氯蔗糖的发现，就是源于一个很别致的错误。

20世纪70年代，泰莱公司和英国伊丽莎白王后学院的一位学者合作，研究将蔗糖经过分子修饰之后作为杀虫剂使用，其中有一个实验品是用三个氯原子取代蔗糖的三个氢氧基团。那位学者叫他的学生去测试一下这个样品。英文里的“测试”是test，其发音与“品尝”（taste）差不多。学者的印度学生听了导师的要求估计有点儿诧异，但也没有多问，就用自己的舌头去“taste”样品，结果发现这个东西甜得一塌糊涂。

这个东西就是三氯蔗糖，也有人叫它“蔗糖素”，其甜度是蔗糖的600倍，只要一丁点儿，就甜得不行。与此前流行的甜味剂糖精和阿斯巴甜相比，三氯蔗糖不仅甜度更高，甜味也更加接近蔗糖，如果它能够通过安全审核作为甜味剂的话，就会比糖精和阿斯巴甜更有吸引力。

泰莱公司为三氯蔗糖申请了专利，开始了为三氯蔗糖申请甜味剂资格的漫漫征程。任何食品添加剂要获得批准，最核心的资质自然是安全性。三氯蔗糖在人体胃肠里的吸收率很低，只有大约11%～27%会被吸收，其他的直接排出体外，而吸收的部分中又有70%～80%经过肾脏从尿液中排出，只有一小部分被代谢。有许多研究机构对三氯蔗糖进行过毒理学实验，食品添加剂联合专家委员会（JECFA）审核了各项研究，在1990年发布结论，确定允许三氯蔗糖的摄入量为每天每千克体重15毫克。第二年，加拿大第一个批准了三氯蔗糖的使用。接着，澳大利亚和新西兰也批准了三氯蔗糖的使用。

对食品添加剂比较欢迎的美国，制定的三氯蔗糖的安全限量比食品添加剂联合专家委员会的要低，是每天每千克体重5毫克。对于一个体重为60千克的成年人来说，一天的三氯蔗糖摄入限量就是0.3克，考虑到三氯蔗糖的甜度是蔗糖的600倍，这相当于180克蔗糖产生的甜度——大概没有人会吃到“超标”，也就意味着它的安全性很好。不过美国直到1998年才批准三氯蔗糖的使用，更保守的欧盟于2000年发布了审查结果，赞同JECFA的结论，后于2004年批准了三氯蔗糖的使用。到2008年，世界上有大约80个国家和地区批准了三氯蔗糖的使用。

三氯蔗糖修成了正果，最大的赢家自然是泰莱公司。他们研发的产品英文名为splenda，中文翻译成“善品糖”。与其他甜味剂一样，三氯蔗糖没有热量，不引发龋齿，也不导致血糖波动，也就成为“无糖食品”的宠儿。比糖精和阿斯巴甜优越的是，三氯蔗糖的甜味更“纯正”，还能耐高温，因而可以用于烘焙食品中。于是乎，三氯蔗糖一上市就席卷甜味剂市场，打得糖精和阿斯巴甜节节败退。

三氯蔗糖横扫甜味剂市场，生产阿斯巴甜的公司难以招架，于是开始反击。在美国，泰莱公司与强生公司的子公司麦克尼尔营养品责任公司合作开发三氯蔗糖产品，他们的宣传口号是“由糖所制，所以味道如糖（Made from sugar，so it tastes like sugar）”。2006年，生产阿斯巴甜的美利生公司在费城起诉生产三氯蔗糖的公司，指控他们的宣传误导消费者。这场谁也输不起的官司最终以庭外和解告终，双方的协议没有公开，只是此后三氯蔗糖的宣传口号改得像条谜语了：“起源于糖，尝起来像糖，但不是糖（It starts with sugar. It tastes like sugar. But it’s not sugar.）。”

三氯蔗糖是没有热量的，而善品糖也以“无糖”作为卖点，但这其实颇有点儿钻空子的意味。三氯蔗糖实在是太甜了，用起来很不方便——需要加一勺蔗糖的配方中，变成加六百分之一勺三氯蔗糖，完全没有可操作性。所以，善品糖中加入了麦芽糊精或者葡萄糖来增加体积，使得一勺善品糖的甜度与一勺蔗糖一样，这样用起来就很方便了，但是，麦芽糊精和葡萄糖与蔗糖具有同样的能量密度，都是每克含有4千卡热量。好在善品糖经过特殊工艺变得很蓬松，一份善品糖是一克，而一份蔗糖则需要2.8克。因为一份善品糖的热量少于5千卡，按照美国的规范就可以标注为“0热量”。

虽然说善品糖可以等体积取代蔗糖获得相同的甜度，也耐高温而可以用于烘焙食品中，但是它和糖终就是不一样的。首先，它不像蔗糖那样具有保水性，所以烤出来的食品会更干。其次，它不会像蔗糖那样容易发生焦糖化反应，也就难以产生烘焙食品特有的金黄色和烘烤香味。

用于烘焙食品只是三氯蔗糖应用的一个方面，在烘焙中的不尽如人意对于三氯蔗糖的整体号召力影响并不大，不过，2014年《自然》杂志上刊登的一篇论文则为它的前景蒙上了巨大的阴影。那篇论文指出，食用包括三氯蔗糖在内的甜味剂，会影响人体内的肠道菌群，从而增加葡萄糖不耐受的风险。因为《自然》杂志的权威性，这一研究引起了巨大的反响。可以想见，科学家们会对这一问题进行进一步的研究，以确认摄入三氯蔗糖是否具有上述健康风险。对于三氯蔗糖以及其他甜味剂的安全性，大概会被重新审查。是推翻，是修改，还是维持原判，让我们保持关注。

八卦甜蜜素

关心食品安全的人应该对甜蜜素不陌生。食品监督或者质检部门公布的不合格食品名单中，经常有“甜蜜素超标”的品种。为什么常有“甜蜜素超标”，却少有其他甜味剂超标的通报呢？我们先从甜蜜素的历史说起。

与其他几种主要的甜味剂一样，甜蜜素的发现是严重违反实验室规范的结果。1937年，一位叫麦克尔·斯维达的学生在美国伊利洛伊大学读博士，研究一种退烧药的合成。不知道是当时的实验室管理不规范，还是他吊儿郎当，总之他经常边抽烟边做实验。有一天，他把点着的烟放在实验台上，后来拿起烟来抽时手指碰到嘴唇，他发现手指很甜。然后，他发现这种甜味来自一种叫作“环己基氨基磺酸钠”的物质。“环己基氨基磺酸钠”有一个优美的中文名字：“甜蜜素”。

1939年，麦克尔·斯维达获得了甜蜜素的专利权。虽然做实验吊儿郎当，他还是获得了博士学位，之后进入了杜邦公司，而甜蜜素的专利也被杜邦公司收购。不过，还没有对甜蜜素进行商业开发，杜邦公司又把甜蜜素的专利权转卖给了雅培公司。雅培公司做了一些研究，打算用它来掩盖一些药物的苦味，并且于1950年提交了新药申请。

甜蜜素的春天开始于1951年，美国政府批准了它作为食品添加剂的使用。此前，市场上只有一种甜味剂——糖精。虽然糖精的甜度可以达到蔗糖的300倍以上，但它的甜味不纯正，回口有一些苦味。甜蜜素其实还不如糖精，甜味只有蔗糖的30～50倍，回口同样有苦味。不过有趣的是，如果把10份甜蜜素与1份糖精混合，那么两者的回口苦味都消失了。这一特性让甜蜜素有了立足之地，再加上它价格便宜量又足，还能耐高温，所以在食品市场上颇具吸引力。1958年，甜蜜素被美国FDA给予了GRAS的分类，意为“一般认为安全”，意味着当时FDA对其安全性完全放心。到1960年，甜蜜素成了无糖饮料的宠儿。

危机出现在1966年，有研究表明甜蜜素在肠道内可以被细菌转化成环己胺，而高剂量的环己胺具有慢性毒性，这一发现为甜蜜素的命运蒙上了阴影。1969年的另一项研究则把它打入了深渊——用甜蜜素和糖精按10：1混合喂养的240只大鼠中，有8只出现了膀胱癌。美国在1958年通过了一个《德莱尼修正案》，规定不能批准任何致癌物用于食品中，甜蜜素成了第一个撞到这个法案枪口上的倒霉鬼。所以上述的大鼠实验一出，公众哗然，FDA随即在当年10月开始禁用甜蜜素。

雅培公司并不服，他们宣称自己做了实验，无法重复1969年那项致癌研究的结果。1973年，他们向FDA申请解禁甜蜜素。FDA

拖拖拉拉地进行审查，到1980年驳回了这一申请。雅培公司联合美国卡路里控制委员会，于1982年再次提交解禁申请。此后，FDA发布评估结果，说目前证据不支持甜蜜素对老鼠的致癌性，但也没有批准解禁申请。然后，就没有然后了——雅培公司没有继续推动解禁，FDA也不了了之——反正现在有了其他性能更优越的甜味剂，即便解禁了，甜蜜素的"钱途"也不被看好，雅培公司和FDA也就都没有兴趣为甜蜜素花费精力了。

其实，1969年的那项致癌研究甜蜜素和糖精的用量非常大，相当于一个人每天喝350罐无糖可乐。不过按照制定安全标准的常规——除以100的安全系数后才推广到人身上，那么这个量也就不能忽略。其他研究不能重复这个结果，所以雅培公司的主张要更有说服力一些。尤其是后来的研究发现，大剂量的糖精会增加老鼠患膀胱癌的风险，是因为老鼠的尿液组成特殊，而那一致癌机理在人体中并不存在——考虑到1969年的那项大鼠致癌实验中，科学家用的是甜蜜素和糖精的混合物，甜蜜素被"冤枉"的可能性也就相当大。

目前，全球有几十个国家批准使用甜蜜素作为甜味剂。食品添加剂专家委员会制定的安全标准是每天每千克体重不超过11毫克——对于一个体重为60千克的成年人来说，这一标准相当于20～30克蔗糖产生的甜度。一种饮料要达到普通人喜欢的甜度，如果完全使用蔗糖，通常需要达到10%的浓度。也就是说，单独使用甜蜜素来获得足够的甜度，一瓶饮料的量就超过"安全摄入量"

了。在中国的国家标准中，食用量大的食品比如饮料、罐头、果冻等，食用限量是每千克0.65克甜蜜素，这个量远远不够甜，还需要添加其他甜味剂或者糖。话梅、山楂片、果脯等食品，因为食用量小，每千克中允许用8克甜蜜素，但是它们需要的甜度太高，这个用量也不见得够。所以，如果配方不合理，或者操作中有意无意地违规，就可能出现“甜蜜素超标”的情况。糖精、阿斯巴甜和三氯蔗糖等高效的甜味剂，达到安全限量时的甜度相当于几百克蔗糖，所以它们遵规守纪就能很容易实现足够的甜度。

双酚A的历史命运

双酚A是一种化工原料，之所以为公众熟知，大概是因为婴儿奶瓶和购物小票。2010年9月和2011年3月，加拿大和欧盟先后禁止销售含有双酚A的奶瓶。如果说这事儿只有年轻的父母们关心，那么后来的“购物小票含有双酚A，接触会致癌”的传言则震惊了更多的人，一时间购物小票也让许多人避之不及。

在工业上，双酚A被用来合成聚碳酸酯和环氧树脂等材料。聚碳酸酯是一种透明的硬塑料，曾被广泛用于制造婴儿奶瓶的瓶体，而环氧树脂则常被用作金属容器——比如婴儿奶粉罐的衬里，以避免食物接触金属容器内壁。双酚A用于制造食品容器的历史并不长，以美国为例，20世纪60年代双酚A才开始用于婴儿奶瓶和奶粉罐中。因为要接触到食品，所以科学家们对它进行过安全性测试。

在食品添加剂的常规安全测试中，科学家们都是用很大的剂量（正常剂量的成百上千倍）来长期喂食动物，找出“不会导致不良反应”的最大剂量，然后除以100甚至更大的安全系数，来作为人的安全摄入量。把这个“安全摄入量”与“可能摄入的量”相对比，如果后者远远小于前者，那么就认为这种食品添加剂是安全的。

双酚A通过了这样的测试，获得了“上岗证”，随后被用于制造食品容器，但是，这一测试是有缺陷的，那就是不包括剂量很低但持续接触时间很长的情况。在双酚A被使用了几十年之后，有研究发现，让动物“长期低剂量”地接触双酚A，动物的一些生理指标会发生变化，而且这种变化被认为是不好的。于是，有人提出，从金属容器中迁移到食品中的双酚A可能会给人们带来健康风险。尤其是后来科学家们发现一定剂量的双酚A还具有雌激素活性，这就更让人们担心不已了。出于谨慎，加拿大和欧盟先后禁止含有双酚A的材料用于制作奶瓶和婴儿奶粉罐。后来科学家们发现购物小票中的双酚A能够通过接触而被吸收，这自然引起了人们的忧虑。

美国食品安全监管部门的态度比较有意思。美国FDA组织专家对双酚A的风险进行了评估，结论是没有直接证据表明双酚A会对婴幼儿的健康造成损害，但潜在的风险不容忽视。所以，FDA认为有必要对双酚A的安全性进行进一步的深入研究。在有进一步的结论之前，FDA没有禁止双酚A的使用，但是“采取行动减少它在食品包装中的使用”，其措施包括：支持厂家停止生产含有双酚A的奶瓶与杯子；协助开发奶粉罐衬里的替代材料；支持在其他食品容器的衬里材料制作中，用其他材料取代双酚A的努力。

FDA说“有必要进行进一步的深入研究”，他们以及美国的其他机构就真的去做了许多进一步的研究，并且不断地把研究进展公布给公众。到2014年7月，他们得到的重要成果有：

1. 双酚A几乎不会通过母亲传给胎儿。他们用人体可能摄入的剂量的100～1000倍喂食怀孕的老鼠，在老鼠的胎儿中检测不到双酚A；

2. 通过口服摄入的双酚A很快会转化为没有活性的产物，残留的活性不超过1%；

3. 包括人类在内的灵长类动物，代谢双酚A的速度远比老鼠要快而且高效。

在亚慢性毒理实验中，他们用相当于奶瓶导致的“低剂量”以及达到雌激素活性的“较高剂量”喂食老鼠，然后检测了老鼠的多个生理指标，没有发现异常变化。这个亚慢性毒理实验持续了90天，老鼠的90天换算成人类的寿命，大约相当于人类的10年。这基本上可以说明，即便是奶瓶中含有双酚A，也不大可能对婴儿健康造成危害。不过FDA没有就此止步，而是继续支持更长时间的毒理学实验。

基于这些研究结果，FDA在2014年7月更新的双酚A信息中表达了他们目前对与食品接触的双酚A的态度：双酚A目前出现于食品中的剂量是安全的。基于FDA对科学证据持续进行的审查，现有的科学信息继续支持此前对于食品容器和包装材料中的双酚A安全性的认定。

有意思的是，尽管FDA认可了双酚A的安全性，但美国的工业界已经逐渐放弃了在婴儿奶瓶、水杯和奶粉包装材料中使用双酚A。相应地，FDA修改了食品添加剂规范，在这些产品中不再使用双酚A。FDA明确说明，这一修订不是基于安全性考虑，而是为了反映“已经没有必要使用，而且工业界已经放弃使用”的现实。

既然婴儿奶瓶和奶粉包装材料中的双酚A都已经不再是问题，打印小票上的双酚A也就更加不是问题了，所谓“打印小票致癌”也就更加不靠谱了。

事实与逻辑，比态度与立场更重要

中华民族几千年的辉煌与一百多年的屈辱，让中国人对于科学技术抱有复杂而微妙的心态——一方面对它的威力顶礼膜拜，另一方面又对被“敌对势力”掌握的科学技术忧心忡忡。

二三十年前，中国人对待转基因的态度大致还是两种心态兼而有之——那时候，许多人对转基因抱以巨大的期望，而中国的科学家们在这个领域也的确走在世界的前列。然而，由于各种原因，后一种心态逐渐在公众心中占据了上风。有人说，在现在的中国，转基因把人们分成了“挺转”和“反转”两个针锋相对的阵营——而实际上，“挺转”的人数或许只是“反转”人数的零头。

我经常应媒体或者网友的要求对转基因问题发表看法，也写过几万字的转基因科普文章，自我感觉自己大概算得上是一个关注转基因问题的“活跃分子”。不过我其实并不赞同把人们划分成“挺转”和“反转”两个群体。在我看来，“挺”和“反”都暗示了根据立场说话的特质——一个人一旦选择了某种立场，就会陷入“选择性失明”的泥潭。作为科普作者，我对自己的定位是“行业观察员”，而不是“行业辩护士”。观察员的工作是把这个行业的信息如实地传达给读者——不夸大，不缩小，也不回避。虽然传达的过程中也会向读者表达自己的看法，但这种看法是基于客观事实的逻辑分析，而不是为了维护立场的牵强附会。“行业辩护士”则不同，其使命类似法庭上的律师，“为而且只为他的当事人服务”。

所以在我看来，只有那些传销般的“转基因辩护士”才可以称得上“挺转”人士，只有那些不惜造谣、传谣来吓唬公众的人才称得上“反转”人士。其他大多数的人，只是“支持”或者“不支持”转基因而已。

这不是文字游戏。“支持”与“挺”的区别在于：“支持”是有条件的，如果转基因产品没有符合既定的法规要求，或者从业人员违反了规范，那么就不会支持；“挺”则是无原则地、不惜扭曲真相地辩护，比如不敢直面转基因产品的局限，不惜“违法倒逼监管”，等等。而“不支持”与“反”的区别是：“不支持”只是因为转基因产品没有解决“我”的疑虑，没有达到“我”的要求；“反”则是不顾事实、不顾逻辑，不惜造谣恐吓地抹黑反对。

在现实生活中，我几乎没有碰到过真正的“挺转”人士和“反转”人士。许多人只是“支持”，而被“反转”人士骂成了“挺转”人士；也有更多的人只是“不支持”，被“挺转”人士骂成了“反转”人士。用阶级斗争的方式来对待科学技术的推广与否，不能不说是一种的悲哀。

把自己定位于“行业观察员”的更少的那一部分人，则成为“反转”人士和“挺转”人士共同攻击的目标。在“反转”人士看来，这些人说了很多转基因的好话，对这项技术充满了信心，无疑是“祸国殃民的恶魔”；在“挺转”人士看来，这些人不说转基因千好万好，还批评转基因行业的违规行为，比“反转”人士还要坏。在很长的时间里，我正是这种“反转”人士骂、“挺转”人士也骂的代表。

虽然经常就转基因问题发声，但我对于转基因的网上争吵几乎没有兴趣。在我看来，大多数人都有正常的判断能力，对转基因的误解和偏见，并不是因为“愚昧”“无知”或者“利益驱动”，而只是因为接收的信息不全，且其接收的信息中有大量的虚假信息。指责他们，丝毫无助于他们改变态度——唯有尊重他们的判断能力，让他们相信你的诚实，水滴石穿地为他们提供真实的信息，才有可能改变他们的偏见。

在现实生活中讲解转基因，给我留下最深印象的有两件事：一次是我遇见多年未见的朋友，在他情绪激昂地说了一通转基因的“坏处”之后，我说：“如果转基因真的是你以为的这样，我也像你一样反对。”因为彼此互相信任，我给他介绍转基因的相关知识时，他不时地用“哦，原来是这样”这样的话语回应我。另一次是在北大校友的一个内部论坛介绍转基因相关知识，一位听众说：“成天听说转基因这样那样，不太了解，所以今天来听你介绍。”

那位北大校友的可贵之处，在于他开放的心态——既然缺乏了解，那么就先去了解。许多人习惯于在足够了解之前，先选定立场，先表达态度。一旦他们选择了立场，往往就失去了客观了解的心态。面对不同的意见，面对不利的信息，不是反思对方是否有理，而是立刻进入“防御”“攻击”状态——争论变成争吵，再升级到人品指责、动机揣测、阴谋论，最后恨不得消灭对方。

有一本系统地科普转基因的书，书名是《转基因：给世界一种选择》。这个标题与我对转基因的态度非常一致。转基因是科学给世界的一个选择，而不是必然。人们是否接受它，取决于它为人们带来什么好处，能否打消人们的各种顾虑——这种顾虑不一定是理性的，但不理性的顾虑同样决定着人们的消费选择，而消费选择的权利需要受到尊重。

我想对那些想了解转基因的客观事实的读者说一句：不管是支持还是不支持，事实与逻辑，比态度与立场更重要。

什么样的转基因产品才是安全的

近年来，转基因一词不时挑动公众的敏感神经——停种多年的转基因小麦在美国某地神秘现身；孟山都公司重启转基因小麦实验；中国农业部批准了三种转基因大豆的种植；三位转基因专家获得了今年的“世界粮食奖”……关于转基因，有哪些事是我们不可不知的呢？

转基因是技术，产品才需要谈安全

人们经常问：“转基因到底安不安全？”实际上，这是一个没有答案的问题。转基因是一种技术，就像“红烧”是一种技术一样。正如我们无法回答“红烧是否好吃”一样，我们也无法回答“转基因是否安全”。红烧可以做出好吃的肉，也可以做出不好吃的肉，明白了这一点，我们就应该能够理解转基因可以造出安全的产品，也可以造出不安全的产品来。

当我们讨论“红烧肉是否好吃”时，只能针对一盘具体的红烧肉来评价。同样，当我们讨论“转基因产品是否安全”时，也必须针对一个具体的转基因产品。这就是转基因安全审核中的“个案审核”——必须针对每一个具体产品进行安全性的审核，通过审核批准而种植的才是安全的产品，而那些通不过审核的，就应该被禁止种植。

当我们说“红烧肉好吃”或者“红烧肉不好吃”时，我们有意或者无意地，是在和某个标准相比——或者是与其他的做法相比，或者是与自己以前吃过的某种美食相比。如果没有比较标准，那么就无从谈起“好”还是“不好”。讨论一种转基因产品的安全性也是如此，如果没有一个安全的基准，空泛地谈“安全”——或者像许多人期望的那样“绝对安全”，是毫无意义的。

“绝对安全”，在逻辑上就无法证明。我们无法证明吃了几千上万年的食品就是“绝对安全”的。比如花生、小麦、蚕豆、牛奶、木薯等食物，人类对它们都有悠久的食用历史，但是直到近代，人们才知道有的人食用了它们可能会导致过敏或者中毒，严重的还会导致死亡。尽管如此，我们仍然认为那些有着悠久食用历史的食物是“安全”的。所以，在评估转基因作物的安全性时，我们是把经过基因改造的作物和相应的没有经过基因改造的作物进行比较，如果前者可能存在的“安全风险”不比后者的高，就认为二者的“风险等同”。既然我们认为后者是安全的，那么就应该接受前者也是安全的。这就是转基因产品安全审核中的“风险评估”——它不是去证明转基因作物“绝对安全”，而是将它和相应的非转基因品种相比，评估其安全风险有没有增加。

转基因产品的安全审查

“个案审核”和“风险评估”，是转基因产品安全审查中最基本的两条原则。当一个转基因产品出现的时候，“风险评估”是如何进行的呢?

当我们来到一个陌生的地方，见到一种陌生的食物时，我们往往会发出“这个东西能吃吗”的疑惑。这是人作为动物的一种自我保护的本能，无可厚非。这时候，如果有我们信任的人详细介绍一下这种食物的原料和制作方法，而这些原料和制作方法存在问题的可能性都是我们可以预测、可以控制的，那么我们大概就能够接受这种“新食物”了。

转基因产品的风险评估，是评估产品的每一种原料和每一个操作步骤可能带来的风险。国际食品法典委员会有一个详细的评估指南，下面只介绍最关键的几个方面。

第一，所转基因的来源。任何转基因都有明确的目的，而这个目的由所转进去的基因来实现。就像雇用一个员工时用人公司会调查员工的背景一样，在转一个基因之前也要审查它的身世背景。转进产品中去的基因，必须是“身世清白”的——提供这个基因的物种，一般需要有“长期的安全使用历史”，没有毒性，不导致过敏等。比如最常见的抗虫基因Bt，它来自一种细菌，在自然界中广泛存在。从20世纪20年代开始，Bt基因在细菌中的表达产物——Bt抗虫蛋白，就被用作“绿色农药”，在有机种植中都可以使用。到Bt基因被转进农作物中抗虫的时候，Bt蛋白已经有了几十年的“安全使用”历史。黄金大米中的基因，有几个来自常见的农作物（比如一个来自玉米），只有两个来自细菌的基因没有“使用记录”。不过，其中一个存在于人体的肠道菌中，自然不足为虑，而另一个，在食物上的细菌中也很常见。也就是说，人们通过常规饮食，也会吃下这种蛋白。如果是像花生这样有“过敏记录”的作物，人们就不大可能把它的基因转到别的作物上去。

第二，要确定基因表达产物的安全性。比如Bt基因的表达产物是Bt蛋白，那么就需要确认它可以被人的胃肠消化，不会具有活性，而不是像被虫吃了之后，会被激发活性从而产生毒性。同时，审查专家还需要确认它不会导致过敏。比如黄金大米，转进去的基因表达出来的产物是胡萝卜素。审查专家对它进行安全审核时，需要确认这样表达出来的胡萝卜素与人们通常吃的胡萝卜素一样，而且在大米的正常食用量下不会超过“安全摄入量”。

第三，要考虑转入基因之后，会不会影响产品本身的基因表达，从而产生有害成分。现代的分子生物学技术已经可以比较清楚地识别基因转入之后对其他基因的影响。如果没有影响，那么转基因产品的化学组成和相应的传统作物或养殖品种就没有实质上的差别。如果有影响，就需要进一步评估这些影响是好是坏。如果是好的，那算是意外之喜；如果是坏的，那么这个转基因产品就折戟沉沙了。

实际上，其他“传统”的育种方式，比如杂交育种、诱变育种，都有可能对原有品种产生或好或坏的影响，但是人们不会去担心这些育种方式的安全性，只对转基因“可能”导致这种变化忧心忡忡。所以，有人说，通过了以上这一整套安全评估流程的转基因产品，比起通过传统的育种手段所得到的作物或养殖品种，其安全性只高不低。

转基因产品的环境安全性

除了食用安全性，转基因产品的环境安全性是备受瞩目的一个方面。比如，人们会担心抗除草剂基因漂移到自然界产生“超级杂草”，担心抗虫转基因导致出现“超级害虫”，或者担心生长能力超强的转基因动物进入自然界而破坏生态平衡。

从理论上说，这些“可能性”是存在的。所以，转基因产品要上市，除了要进行食用安全性的评估之外，还要进行单独的环境安全性评估。评估的基本理念与食用安全性类似，也是从基因的出身开始，到每一步基因操作，到植物的种植或者动物的养殖以及后续的加工处理，一步一步评估其可能对环境带来的影响。只有这些影响可预测、可控制，并且风险不比传统作物或养殖品种大，该转基因产品才能得到批准。

转基因三文鱼的环境评估就是一个很好的例子。经过专家评估，有三道防线阻止这种生长速度比普通三文鱼快一倍的转基因品种破坏生态：一是鱼苗繁殖和养殖都在封闭厂房进行，有严格的隔离措施防止其逃逸；二是鱼苗繁育和养殖场区的周围环境都不适合这种鱼的生长，即使逃出去也难以生存；三是这种转基因三文鱼全是三倍体雌性，不具有交配繁殖能力，即使它们到了自然界中，也只能孤独终老，而无法“传宗接代”。所以，FDA认为这种转基因三文鱼带来环境风险的“可能性极其低”。

出于科学表达的严谨，美国FDA不会说“不会影响环境”。如果我们把这种三文鱼与骡子做一个比较，会发现它的环境安全性比骡子的高多了：骡子是马和驴这两种亲缘关系较近的物种交配的产物；骡子的体型、负重能力、灵活性、奔跑能力都有所提高，可以算是一个新的物种；虽然骡子一般不具备生育能力，但有极少数的母骡子可能例外；骡子的饲养是开放的，它们可能跑到野外，和野马野驴交配。

上面所述的转基因三文鱼只是被转入了两个基因：一个基因来自太平洋的奇努克三文鱼，另一个基因来自大洋鳕鱼。这两个基因的引入，除了使三文鱼的生长速度更快之外，对三文鱼的生物形态和化学组成并没有明显改变。在物种分类上，这种转基因三文鱼依然符合大西洋三文鱼的特征。可以说，它与相对应的“野生三文鱼”的区别，远远小于骡子与马或者驴的区别。

至于超级杂草或者超级害虫的出现，的确有这样的例子。不过需要注意的是，即使没有转基因，人类还是会使用农药和除草剂的。只要使用它们，具有抗性的害虫和杂草就会出现。至于转基因是加剧了还是延缓了它们的出现，就必须进行深入的评估分析。不过，从美国大规模种植转基因作物二十多年的历史来看，在合理的种植模式下种植那些经过严格评估的转基因品种，其对生态的影响要比人们估计的小。

为什么说那些著名的“反转证据”不靠谱

2012年11月，法国卡昂大学分子生物学家塞拉利尼发表论文说，他发现给老鼠喂食一种转基因玉米，会使老鼠更短寿且更容易得癌症。这一“研究”引起轩然大波，一些媒体把这一“发现”作为“转基因有害”的证据进行了大量的报道，这进一步加剧了公众对转基因的恐慌。与此同时，许多生物学界的专业人士对塞拉利尼的论文进行了广泛质疑，认为其实验设计、方法、样本数量都有问题，结论不足信。随后，欧洲食品安全局发布评估报告，认为这项研究的证据无法支持其结论。最后，发表塞拉利尼的论文的杂志撤回了这篇论文。从学术上说，这项研究也就成了一场闹剧，但是，因为公众对负面信息抱持“宁可信其有”的心态，加上一些反转人士毫无根据地散布“质疑这项研究的科学家被收买”“权威机构屈服于转基因产业”等阴谋论，这项研究依然被许多“反转”人士作为“证据”来散布。

这不是唯一的，也不是第一个所谓的证明“转基因有害”的研究，但迄今为止，每一项这样的研究都被科学界指出存在漏洞，并且后来并没有补上漏洞的研究结果出来。这也说明，那些耸人听闻的结果是来自错误的实验，一旦实验错误被纠正，“转基因有害”的结论也就不存在了。

要考察某种药物或者食品添加剂的毒性，研究者可以给动物服用该药物或者食品添加剂正常剂量的几十倍或者几百倍的剂量，让其影响大大超过其他偶然因素的影响，但是对于食物毒性的考察，我们就无法通过这种方式来实现。即使食物有轻微慢性的危害，也会被其他影响因素所掩盖。倒是其他的偶然因素，可能让本来无害的食物出现“有害”的假象。

如果食物有严重的危害，那么根本不用进行动物实验，成分分析就可以发现。出于这样的考虑，转基因食品的安全评估并不把动物实验作为要求。动物实验可以作为一种“佐证”，但一定要“设计严谨”。

总结：什么样的转基因产品才安全

转基因是一种育种技术，它本身无所谓安全或有害。转基因可以转出安全的产品，也可以转出不安全的产品。一种转基因产品是否安全，需要通过安全风险评估来确定。只有那些安全性比起相应的传统作物或养殖品种只高不低的品种，才能获得批准进行种植或养殖。那些安全性“存疑”的产品是通不过审核的，最终只能胎死于实验之中。

“黄金大米实验”的安全性与伦理规范

在2012年，湖南衡阳的黄金大米实验是一个热点事件。2012年8月，美国塔夫茨大学的汤光文教授等人在《美国临床营养学杂志》上发表了一篇题为《“黄金大米”中的β-胡萝卜素与油胶囊中的β-胡萝卜素对儿童补充维生素A同样有效》的研究论文。某环保组织随即谴责研究人员使用转基因大米对中国湖南衡阳的儿童进行人体实验。此事在中国掀起轩然大波。一时间，“安全性未经确认的东西怎么能用孩子做实验”“为什么要到中国来做”等质疑声不绝于耳。

从当时报道的信息来看，这个实验的确存在着诸多违规之处，有必要进行充分的调查与追究。不过，这与黄金大米以及黄金大米临床实验本身的安全性完全是两回事。黄金大米实验涉及多方面的问题，要说清楚，至少需要从以下几个方面来分别讨论。

黄金大米的价值在哪里

科学家们开发黄金大米是为了解决人体对维生素A摄入不足这一问题而提供的一种解决方案。维生素A是人体需要的一种微量元素，一般存在于动物性食品中。维生素A缺乏会引发严重后果，比如患上夜盲症，甚至失明。胡萝卜、南瓜等植物中富含的胡萝卜素，在人体内可以转化成维生素A。也就是说，合理的食谱可以提供足够的维生素A。在许多发展中国家和地区，人们并不能获得充足的富含胡萝卜素的食物，因而维生素A缺乏的现象很普遍。在某些地区，维生素A缺乏的儿童甚至多达10%。根据前几年的调查来看，中国也不乏这样的地区。

大米中本来不含胡萝卜素。大米是很多地区的主食，如果人能从米饭中获得胡萝卜素，就能够方便地避免维生素A的缺乏。为此，科学家们通过转基因技术，试图在大米中产生胡萝卜素。经过很多年、很多人的艰苦努力，这种设想终于实现了，这就是黄金大米。每天吃一碗“黄金米饭”，就可以获得人体所需的大部分维生素A。

以前的转基因农作物一般是解决抗虫、抗病、抗除草剂等问题，可以使农业生产更加方便高效，减少农药的使用，但是，这些好处很难被消费者直接体验到。黄金大米加强了营养，主要是为消费者带来利益。在新一代的转基因农作物中，为消费者带来利益的转基因品种越来越多，比如产生SDA（十八碳四烯酸）或者很高比例油酸的大豆。SDA是一种ω-3多不饱和脂肪酸，比亚麻酸更容易转化成人体需要的EPA（二十碳五烯酸），而高油酸的豆油则可以取代氢化植物油，却不存在反式脂肪的问题。

解决维生素A缺乏还有其他的途径，比如在加工食品中强化、提供胶囊补充剂，或者均衡食谱。与它们相比，黄金大米是否具有优势，需要实际推广的检验。从某种角度来说，黄金大米毕竟提供了一种非常方便易行的方案，因此具有足够的推广价值。

人体实验和动物实验检验安全靠谱吗

黄金大米成为热点，自然是因为它的转基因身份。在某些环保组织多年如一日的“宣传”下，多数人满脑子都是关于转基因的错误认知，因而对转基因充满了恐惧。他们质疑转基因产品时最常说两句话，其一是“安全性没有得到确认”，其二是“危害要在几代之后才能体现出来”。

我们需要知道，任何一种食物，都是无法被“确认”为“绝对安全”的。那些我们吃了几千年、认为是“安全”的传统食物，仅仅是没有发现重大的、急性的危害。慢性的、轻微的毒害即使存在，人们也不知道，只有在现代科学的检测与统计流程之下才能被发现。一个典型的例子是硼砂。在历史上，世界各地都曾经长时间把硼砂用于食品中。经过现代方法的检测，科学家们发现硼砂很容易用到“过量”而危害健康。吃米饭只是人们的生活方式的一部分，还有很多因素会影响健康。人体实验不可能让人们按照同样的方式长期生活，因此必然存在各种“混杂因素”。也就是说，即使实验对象出现了某种症状，要确认具体是哪种因素导致的也相当困难。

一百年前，科学家们就认识到了通过“人吃”来检验食物或者食物成分的安全性既不人道也不靠谱，所以逐渐建立了通过动物实验来检验毒害的程序。虽然动物与人有物种上的差别，但是动物实验可以让动物长期在相同的条件下生活，还可以给它们服用或喂食远高于正常的剂量，从而使得微小的危害被“放大”而容易被检测到。

像黄金大米这类“营养加强型”的食物，却很难进行动物实验。首先，大米是人类的主食，科学家们无法通过加大剂量来“放大”其危害。其次，它加强了营养，要在作为对照的食物中弥补加强的营养成分，就必然要通过其他的方式引入这种营养成分，而这本身又增加了实验的变量。

所以，对于营养加强型的转基因食物，用动物实验来检验其安全性并不是一个好的方案。联合国粮食及农业组织与美国FDA等机构，也都不要求对这类食物进行动物实验来检测其安全性。当然，“不要求”并不意味着不会做，这样的检测依然能够提供一些有价值的信息，所以我们仍然会看到科学家们用动物或者人来对一些转基因产品进行安全性实验。

转基因产品的风险评估

在上一篇文章中我们说过，转基因是一种技术，就像红烧是一种烹饪手法一样。我们可以讨论一盘具体的红烧肉是否好吃，而难以评价“红烧”是不是好吃。因此，对于转基因产品，我们需要进行“个案审核”来评定一个个具体产品的安全性。如前所述，吃了几代人的经验依据和动物毒性实验都不靠谱。对于转基因产品，尤其是黄金大米这种营养加强型的水稻品种，国际通用的是“风险评估”流程。

正如我在上一篇文章中所讲的，所谓“风险评估”，并不是去检验这种产品是否“安全”，而是把它与相应的传统产品相比，评估二者之间的差异以及这种差异是否增加食用的风险。如果不增加，就认为新产品的安全性与相应的传统产品“实质等同”，从而判定它是“安全”的——真正的含义是其安全性与相应的传统产品相比没有差别，或者甚至更高。

就黄金大米而言，科学家们很清楚转入的基因来自何处，它们的供体是其他粮食作物或者会进入食物中的微生物。这和水稻与野生稻之间杂交获得的基因重组并没有本质上的不同。“风险评估”还包括这些基因转入水稻中之后的代谢途径、代谢产物以及是否使得水稻出现了“非预期”的变化。结果是没有“非预期”的变化出现，其“预期变化”的代谢产物，比如胡萝卜素、蛋白质等，都不具有毒性或者过敏性。

这种评估工作根据实验数据来进行，实际过程非常复杂烦琐。审查专家对黄金大米进行了风险评估，认为它是安全的。不过，黄金大米是否可以被种植食用，还要经过各国管理部门的审批。安全性只是影响审批的一个因素。许多其他因素，比如经济、政治、环境、民意等，也会影响审批的流程和结果。目前，黄金大米已经在菲律宾进行大田种植，以收集更多的数据来完成最后的商业化种植许可。

不过，科学研究不受商业化种植是否被批准的影响。至少在美国，一种没有被批准进行商业化生产的食品，在经过伦理委员会的审查、志愿者充分知情的前提下，就可以进行人体实验。

对于许多人来说，他们很难理解这种风险评估的方式，所以他们很容易相信“转基因产品的安全性没有得到确证”这样的说法。实际上，在主流学术界，很多科学家甚至认为：与其他的育种方式相比，相关机构对转基因产品的安全审核已经严格到了不合理的地步。比如说，在诱变育种中，基因和作物代谢状况也会发生改变。挑选出来的“理想品种”，同样可能存在“非预期的变化”，这种变化可能是“好的”，也可能是“坏的”。这与转基因“可能”导致的非预期变化并没有差别。目前，只有转基因产品被要求检验这种“非预期变化”，而诱变育种之类的传统育种方式就不需要。正因为这种“差别待遇”，许多专业人士认为，经过审查批准的转基因产品，其安全性与传统育种产品的安全性相比只高不低。

可以用儿童做实验吗

在黄金大米实验中，公众质疑最多的一个问题是“为什么用孩子做实验”以及“为什么用中国孩子做实验”。这其实是一种充满了“阴谋论”的质疑。

事实上，用儿童做临床实验在医学健康领域是很平常的事情。在美国临床实验数据库里，用“孩子”作为实验对象的关键词进行检索，会出现近三万项研究。就黄金大米而言，它的安全性评估已经通过，但它是否真的能解决维生素A缺乏的问题依然需要验证。一种食物如果已经在成人中做过实验，而要想知道在儿童中是否有同样的转化率，就只能在儿童身上进行验证了。各种针对儿童的疫苗和药物，都需要用儿童来进行临床验证，才能够得到推广与使用。

一个临床实验往往需要投入很多的人力和物力。对主持研究的人来说，如何用更小的投入完成同样的实验，是考虑与谁合作的重要因素。对于一个华裔学者来说，如果自己想做的实验与中国的研究人员的临床研究有相似度，那么与中国研究人员合作，就可以达到事半功倍的效果。对于中国的研究人员来说，能够有机会与国外的科研机构进行国际合作，也是很难得的科研经历。所以，追究“为什么要在中国进行实验”，只是体现了一种“受迫害”的猜想。当他们质问“美国人的研究为什么要用中国人做实验”的时候，他们忘了黄金大米是一个国际公益项目。

有意思的是，当一种中草药在美国进行临床实验的时候，许多中国人都感到非常兴奋。为什么一有美国人在中国做实验，就有那么多中国人无法接受呢？

黄金大米实验，问题的核心是违规

我们解释了黄金大米的安全性，解释了用儿童做实验的合理性，但并不意味着我们认为衡阳的这个黄金大米实验不存在问题。

根据当时公布出来的信息，这个事件涉及的违规不止一处，有的还相当严重。

比如说，临床实验最基本的伦理要求之一，是保证参加者或者其监护人在“充分知情”的基础上“完全自愿”。当时的调查表明，不仅孩子和家长完全不知道实验中有黄金大米，甚至连本文开头部分提到的那篇论文的部分作者都声称不知情。除非真的如论文的中方作者所说的实验中“没有使用黄金米饭”，否则这种实验材料都没有告诉志愿者的做法已经严重违反了伦理规范。如果真的在实验中没有使用“黄金米饭”，那么汤光文等研究者发表的有关黄金大米的论文，其中的实验就是完全捏造的，这可以算是“惊天学术丑闻”了。

此外，如果实验确实使用了黄金大米，那么黄金大米是如何通过海关进入中国的则是另一个重要的问题。当时没有一个中国机构出来声明入关需要的手续文件，如果没有这些文件，实验操作者便面临“非法携带生物样品入关”的指控。

还有一个令人惊诧的问题：论文的三位中方作者中有两人否认此前看过该论文，并声称自己并不知道有该项研究，而那篇论文却详细说明了这两位作者在研究中承担的任务。是二人在说谎，还是论文的通讯作者在造假？二者必居其一。无论是哪一种情况，都是严重的学术不端。

当时多方都在调查，真相扑朔迷离。无论如何，我们在此必须强调一点：黄金大米的安全性与儿童临床实验的合理性，并不能为当事人的违规开脱，违规需要承担的罪责，完全不会因为实验本身无害而被洗脱；同样，违规需要受到追究和处罚，但并不能改变“黄金大米安全有效”的事实，吃了黄金米饭的孩子，也不会因为实验流程上的违规而受到身体上的伤害。

（后记：此文写于事件曝出，真相尚未水落石出之时。后来参与该项研究的研究人员都因为实验伦理违规而受到了处罚。）